国家级职业教育规划教材

全国职业院校烹饪专业教材

厨房管理知识

赵子余　主编

中国劳动社会保障出版社

简 介

本书为全国职业院校烹饪专业教材，讲解了厨房管理的相关知识，包括厨房管理概述、厨房组织管理、厨房人力资源管理、厨房设计布局、厨房设备与设备管理、厨房生产管理、厨房产品质量管理、厨房食品原料管理、厨房卫生管理和厨房安全管理。本书紧扣职业院校烹饪专业教学实际，内容实用，讲解细致，在每章后安排了"思考与练习"，帮助学生巩固所学内容。

本书由赵子余任主编，刘明海、吴玉忠、李云霞、蒋立超参加编写，李茂华任主审。

图书在版编目（CIP）数据

厨房管理知识 / 赵子余主编. --北京：中国劳动社会保障出版社，2021

全国职业院校烹饪专业教材

ISBN 978-7-5167-5067-4

Ⅰ. ①厨⋯　Ⅱ. ①赵⋯　Ⅲ. ①厨房-管理-中等专业学校-教材　Ⅳ. ①TS972.3

中国版本图书馆CIP数据核字（2021）第207674号

中国劳动社会保障出版社出版发行

（北京市惠新东街 1 号　邮政编码：100029）

*

北京华联印刷有限公司印刷装订　　新华书店经销

787 毫米 × 1092 毫米　16 开本　13.75 印张　248 千字

2021 年 11 月第 1 版　　2025 年 12 月第 6 次印刷

定价：33.00 元

营销中心电话：400-606-6496

出版社网址：http://www.class.com.cn

http://jg.class.com.cn

前 言

近年来，随着我国社会经济、技术的发展，以及人们生活水平的提高，餐饮行业也在不断创新中向前发展。餐饮业规模逐年增长，新标准、新技术、新设备和新方法不断出现，人们对餐饮的需求也日益丰富多样。随着餐饮行业的发展，餐饮企业对从业人员的知识水平和职业能力水平提出了更高的要求。为了培养更加符合餐饮企业需要的技能人才，我们组织了一批教学经验丰富、实践能力强的一线教师和行业、企业专家，在充分调研的基础上，编写了这套全国职业院校烹饪专业教材。

本套教材主要有以下几个特点：

第一，体系完整，覆盖面广。教材包括烹饪专业基础知识、基本操作技能及典型菜品烹饪技术等多个系列数十个品种，涵盖了中式烹调技法、西式烹调技法及面点制作等各方面知识，并涉及饮食营养卫生、烹饪原料、餐饮企业管理等内容，基本覆盖了目前烹饪专业教学各方面的内容，能够满足职业院校烹饪教学所需。

第二，理实结合，先进实用。教材本着“学以致用”的原则，根据餐饮企业的工作实际安排教材的结构和内容，将理论知识与操作技能有机融合，突出对学生实际操作能力的培养。教材根据餐饮行业的现状和发展趋势，尽可能多地体现新知识、新技术、新方法、新设备，使学生达到企业岗位实际要求。

第三，生动直观，资源丰富。教材多采用四色印刷，使烹饪原料的识别、工艺流程的描述、设备工具的使用更加直观生动，从而营造出更加直观的认知环境，提高教材的可读性，激发学生的学习兴趣。教材同

步开发了配套的电子课件及习题册。电子课件及习题册答案可登录中国技工教育网（jg.class.com.cn），搜索相应的书目，在相关资源中下载。部分教材针对教学重点和难点制作了演示视频、音频等多媒体素材，学生扫描二维码即可在线观看或收听相应内容。

本套教材的编写工作得到了有关学校的大力支持，教材的编审人员做了大量的工作，在此，我们表示诚挚的谢意！同时，恳切希望广大读者对教材提出宝贵的意见和建议。

人力资源社会保障部教材办公室

目　录

第一章

厨房管理概述

学习目标

1. 了解厨房的种类
2. 了解厨房生产运作的特点。
3. 了解厨房的生产要求。
4. 明确厨房的管理任务。
5. 熟悉餐饮企业规定的各项任务指标。

厨房是从事菜肴、点心等产品加工、生产、制作的场所，是宾馆、饭店从购入原料，经过工作人员的技术处理、艺术加工，进而通过餐厅向顾客提供色、香、味、形等感官性状达到一定要求的产品的部门。现代厨房以先进的手段和方法，对厨房生产过程和质量控制方式、方法进行调整、完善，提供能满足当今餐饮消费者需要的质量稳定、可靠的各类产品，并在此基础上实现资源的充分利用、效率的最大限度发挥和企业的持久发展。

第一节 厨房的类型

一、按规模划分

1. 大型厨房

大型厨房是指生产规模大，可以为众多顾客同时供餐的厨房。一般客房数量在500间以上、餐厅座位数量在1 500个以上的餐饮企业才配备大型厨房。大型厨房是由多个不同功能的厨房组合而成的。各厨房分工明确，协调一致，承担餐饮企业大规模的生产工作。

2. 中型厨房

中型厨房是指能同时为300~500人供餐的厨房。中型厨房场地面积较大，大多将加工、生产、出品等集中设计，综合布局。

3. 小型厨房

小型厨房是指可以同时为200~300人，甚至更少人供餐的厨房。小型厨房多将各工种、岗位集中设计，设备综合布局，占用场地面积相对较小，出品风味比较单一。

4. 超小型厨房

超小型厨房是指生产功能单一、服务能力十分有限的烹饪场所，如面对顾客现场烹调的明炉、明档。豪华套间或总统套间内的小厨房、商务行政楼层内的小厨房、酒店式公寓内的小厨房等也属于超小型厨房。它多与其他厨房配套完成生产任务。

二、按餐饮风味划分

根据经营风味、餐饮风格可将餐饮分为中餐、西餐等。从风味流派上划分，中餐又可分为川菜、鲁菜、粤菜，以及宫廷菜、官府菜等，西餐又可分为法国菜、俄罗斯菜、意大利菜等。

1. 中餐厨房

中餐厨房是生产中国不同地方、不同风味菜点的场所，如粤菜厨房、川菜厨房、鲁菜厨房、宫廷菜厨房、官府菜厨房等。

2. 西餐厨房

西餐厨房是生产西方国家风味菜肴及点心的场所，如法国菜厨房、俄罗斯菜厨房、意大利菜厨房等。

3. 其他风味厨房

除了典型的中餐风味厨房和西餐风味厨房外，还有一些生产制作特定地区、民族、风格菜点的厨房，如日本料理厨房、韩国烧烤厨房、泰国菜厨房等。

三、按生产功能划分

1. 加工厨房

加工厨房是对各类鲜活烹饪原料进行初加工（宰杀、择剔、刮剥、去蒂、煺毛、拆卸、洗涤等），对干货原料进行涨发，对原料进行刀工处理和适当保藏工作的场所。加工厨房主要负责各烹调厨房所需烹饪原料的加工。

2. 宴会厨房

宴会厨房是指为宴会烹制菜点的场所。大多数餐饮企业为保证宴会规格和档次，专门设置此类厨房。宴会厨房大多同时负责各类大、小宴会厅和多功能厅的烹饪出品工作。

3. 零点厨房

零点厨房是专门生产、烹制零散菜点的场所。此种厨房准备工作量大，开餐期间也很繁忙，要有足够的设备和场地，以便于制作和及时出品。

4. 冷菜厨房

冷菜厨房又称冷菜间，是加工制作、出品冷菜的场所。冷菜制作程序与热菜不同，一般多为先加工烹制，再切配装盘，故冷菜间在卫生和工作环境温度等方面有更严格的要求。冷菜厨房还可分为冷菜烹调制作厨房（如加工卤水、烧烤或腌制、烫拌冷菜等）和冷菜装盘出品厨房。

5. 面点厨房

面点厨房是加工制作面食、点心及粥类食品的场所。由于生产用料不同，一般将面点生产称为白案，菜肴生产称为红案。不同餐饮企业分工不同，面点厨房的生产任务也不尽一致，有的面点厨房还承担甜品和点心等的制作。

6. 咖啡厅厨房

咖啡厅厨房实际上就是西餐快餐厅，经营的品种多为普通菜点，甚至包括小吃。咖啡厅厨房设备配备相对较齐，出品也较快。有的咖啡厅厨房还兼有内部用餐食品的制作出品功能。

7. 烧烤厨房

烧烤厨房是专门加工制作烧烤类菜点（如叉烧、烤鸭等）的场所。烧烤厨房室内一般温度较高，工作条件较艰苦，其成品多转交冷菜明档或冷菜装盘间出品。

8. 快餐厨房

快餐厨房是加工制作快餐食品的场所。快餐厨房大多配备炒炉、油炸锅等便于快速烹调出品的设备，成品大多较简单、经济，生产流程规范和生产节奏高效是其显著特征。

第二节　厨房生产运作特点

厨房生产即厨房员工运用技术和艺术创造力，按照一定规格标准和操作程序，对各类烹饪原料进行有计划、有秩序、有目的的劳动。由于在餐饮企业中所处的特殊环境、位置和独特的生产运作方式，厨房具有明显有别于餐厅服务和其他工业生产的特点。

一、生产量的不确定性

不论从事何种产品生产，首先应该明确该项产品的生产数量，这样才可以做到有的放矢和有计划生产，对生产和成品质量的把握才能做到心中有数。厨房生产当然也需要明确品种、数量，以指导、安排生产，但实际上很难找到一个确定的量。这主要是受以下因素的影响。

1. 厨房生产需求的不确定

厨房生产需求主要取决于客情。客情对于厨房生产及餐厅服务销售来说是一个难以确定和把握的变量。客情明确，厨房就可以根据顾客的就餐类型做出适当准备，从事有计划的生产。但事实上，厨房掌握的客情经常不及时、不准确。因此，厨房生产需求的变动既不可预料，又难以控制。

2. 原料性质的变化

原料的性质与厨房的生产量大多有着直接关系。原料新鲜，质地鲜嫩，加工相对简单，厨房生产就快捷；相反，原料坚硬老陈，或需干货涨发、反复处理，厨房的工作量便会增大。

3. 出菜节奏的影响

出菜节奏是指上菜的速度，即菜点与菜点之间出品的时间间隙。自助餐在顾客用餐前菜点已烹制完毕（中途视情况再行添补），宴会则须在顾客进餐中循序渐进地烹制出品。宴会致辞多、祝酒多、礼仪多，出菜要求缓慢；顾客抢时间，要赶路，则要求上菜快捷。这些都会对厨房的切配及烹制岗位一定时间内的工作量产生影响。

二、生产制作的手工性

厨房生产既是技术性的操作过程，又是烹饪艺术构思及创作的过程。人们在对菜肴、点心进行品尝、享用的同时，也是鉴赏、认可厨师手工创作的可食用艺术品的过程。

1. 生产形式以手工为主

厨房机器设备目前难以全面配套，同时也很难适应大多数厨房的生产现状。主要有以下原因：

（1）厨房菜点品种繁多，如中餐、西餐、零点餐、宴会餐、大菜、小食、甜品、点心等。一家饭店供应的菜点品种少则逾百，多则近千。

（2）菜点产品规格各异，大如整只乳猪，小如精美船点，规格千差万别。

（3）生产批量小。这既是保证菜点产品质量的需要，又是满足顾客零散消费需求所必需的。

（4）技术要求复杂。菜点有的需要明火急烹，立等可取；有的则需腌煎熏烤，耗时制作，方可成菜。

2. 产品质量差异较大

由于生产人员的体力不同，认识、审美水平不一致，考虑问题的方式、深度、角度不一样，必然出现厨房生产成品的方法、质量和结果的多样化，主要原因有以下两方面：

（1）厨房生产人员接受教育的渠道和程度不同，其技术熟练程度、加工烹调方法和对成熟度的把握就会不一致。

（2）厨师的理解能力、审美角度和价值取向不一致，则可能对同一种菜点采用不同用料和配比，选择不同形态和大小，采取不同装盘和点缀。

3. 劳动强度相对较大

与餐饮企业的其他岗位相比，厨房生产人员以手工为主要生产形式，劳动强度明显较大。随着厨房生产机械化、社会化的不断普及，厨房生产人员的劳动强度逐步降低。然而，目前厨房繁重的体力劳动还无法被取代，这主要表现在以下两方面：

（1）工具、用具（如铁锅、汤桶、油盆、厨刀等）一般都比较笨重。

（2）厨师长时间借助于器械加工原料、制作菜点，或切、或炒、或端、或倒，无不需要消耗较多体力。

三、生产工艺的合作性

厨房大多分工明确，岗位固定。因此，菜点的加工、配份、烹调就要由不同岗位人员分工协作、共同完成。例如，热菜、烧烤、卤水、冷菜和点心的加工、制作等，需要加工、熟制、装盘等不同岗位轮番、协同作业才能完成。此外，菜肴、点心的原料、调料等的购买和供给要依靠采购部门、仓库协助，厨房生产成品也得依靠服务人员传送和销售。因此，厨房产品质量的整齐划一、完善稳定，还有赖于全体员工责任心的加强和技术水平的全面提高。

四、厨房产品的特殊性

厨房为顾客提供直接享用的食品，其产品具有与餐饮服务相配合、相依存，与餐饮企业规模、档次相适应的特殊要求。

1. 提供给顾客享用的是食品性商品

厨房产品作为食品，应该符合《中华人民共和国食品安全法》规定，无毒、无害，符合营养卫生要求，具有相应的色、香、味等感官性状。同时，厨房产品价值的实现离不开餐厅服务人员积极有效的销售服务。食品质量的优劣，不仅关系到就餐顾客对餐饮服务的满意程度，而且还直接影响到顾客的身心健康。

2. 产品规格各异，生产批量小

厨房产品的产量因就餐顾客需要而定，是根据顾客所预订的数量进行生产的。同批就餐顾客的人数和进食数量决定了厨房产品的生产量。因此，厨房产品往往表现为个别的、零星的、规格不一的生产作业方式。

3. 产品销售的即时性

无论菜肴（特殊质感要求的冷菜除外）还是点心，厨房产品一经烹制完成，其质量效果便随着时间的延长而降低。质量降低的表现有菜点色、香、味、形、声、温等给顾客的视觉、嗅觉、味觉、触觉、听觉等感觉鉴赏效果变差及菜点内部营养成分的损失和破坏。因此，厨房生产应与服务密切沟通、配合，保证产品在第一时间被消费。

4. 产品质量的一次性

厨房产品加工往往集生产、质检于一体，尤其在营运高峰期。厨房产品一旦离开生产厨房，便直接呈现于顾客面前，几乎没有返工整修的余地。因此，厨房产品又被称为“一次性质量产品”。

5. 产品质量的多元性

厨房产品的质量不仅取决于生产该产品的厨师的技艺和菜点原料本身，而且还受服务销售、就餐环境和就餐顾客等诸多因素的影响。因此，厨房产品质量具有不同于其他商品的多元性特点。

五、成本构成的复杂性

厨房生产所使用的原料（主料和配料）、调料构成了生产产品的主体成本。原料由毛料到净料，其出净率、涨发率的高低和生产达标情况变化多，难以控制。具体到每种菜点，其物耗、能耗、人力消耗等也难以计算和统计。厨房生产成本既受上述诸多环节影响，同时还随原料价格季节性变化而变动。此外，厨房生产人员技术水平、主人翁精神，以及生产管理的力度、厨房生产产品的控制手段等，都可能导致厨房成本的波动。

六、工作环境的艰苦性

厨房的位置大多在餐饮企业主体建筑的底层、地下层或景观区的背面，远离采光好、风景美的建筑物正面。有的厨房作业间甚至位丁建筑物的“半开放”地带（一半露天，一半在整体建筑物内）。特殊的工作环境常常使员工产生压抑、烦躁和不安的心理，对其情绪产生不利影响。厨房员工接触的大多是冷冰冰的食品原料和设备用具，丧失了很多与社会交流的机会。厨师的社交、沟通才能因缺乏锻炼会受到不同程度的影响，厨师的劳动表现、工作业绩也常常因此被埋没或无法及时得到肯定。

厨房生产的需要和操作的复杂性导致厨师工作条件比较艰苦，还表现在以下几方面。

1. 烹饪厨房高温湿热，厨师容易产生疲劳感，食品原料及成品难以存放和保质。
2. 加工厨房及冷库低温潮湿，卫生工作繁杂而艰巨。
3. 噪声、气味污染影响了厨师的判断和操作效果。
4. 厨房日常使用的电、气、火、油、刀等在生产过程中都有可能成为事故隐患，从而增加了生产的危险性。

七、信息反馈的滞后性

厨房产品比其他产品更需要具有针对性，道理很简单，即“适口者珍”。事实上，厨房人员非常需要关注、搜集产品质量信息，信息反馈及时、准确，有利于采取相应措施，调整产品设计，改进产品标准，从而可以争取更多的回头客。如果厨房人员无法及时获得产品质量信息，不知道顾客的反馈和评价，就无法采取整改、完善措施，也就有可能使菜单的制定、菜点的生产与顾客的需求越来越脱节，越来越背离。

1. 产品质量信息不能及时得到反馈

厨房从生产到消费，中间还有备餐、跑菜和服务销售几个环节，导致厨房人员很少与顾客直接接触。因此，顾客对厨房产品质量即使有些意见和想法，也很难及时反馈、传达到相应的岗位和具体生产、管理人员。

2. 产品质量信息不能直接得到反馈

顾客在餐厅用餐完毕，很少就菜点质量直接发表意见，其原因有以下几点：

（1）由于餐厅气氛、服务质量尚好，菜点质量有些欠缺也迁就了。

（2）顾客就餐时间有限，不愿花费时间提意见。

（3）不少顾客觉得因为菜点质量而较真有失身份。

就餐顾客把对厨房产品质量的意见带出餐厅、饭店，其影响往往具有“乘数效应”。一旦不满意的舆论经口耳相传的方式形成，即使餐饮企业花数倍的广告费也难以扭转销售颓势。

第三节　厨房生产要求

为了使厨房工作井然有序，产品符合规格标准，餐饮企业厨房应该在组织机构、生产规范、生产条件及厨师队伍等方面达到以下要求。

一、设置科学的组织机构

现代厨房规模大，分工细致，强调工作的分工协作和协调配合，因此，厨房生产和管理必须通过一定的组织形式实现。厨房的组织机构关系到生产方式和完成生产任务的能力，影响到工作效率、产品质量、信息沟通和职责履行。设置合理的厨房组织机构，保证厨房所有工作和任务都得以落实，明确厨房各岗位、各工作的职能，确定员工的岗位和职责，明确各部门的生产范围及其协调关系，才有利于厨房实施管理，有序开展工作。

二、制定明确的生产规范

生产规范即厨房选择原料、加工切割、烹调出品等各项程序的规格标准和要求。制定和执行各项生产规范，可以约束厨房人员的自发行动，统一加工生产和产品的规范标准，从而减弱厨房生产的人为差别。

1. 规范操作程序

同一项工作，同一种产品，操作程序不同，可产生不同的行为结果，形成不同的

形状、质量。因此，厨房工作和烹饪生产必须制定规范的操作程序。这些程序包括以下两项：

（1）业务运作管理程序

业务运作管理程序包括客情通知和接收，原料申领和申购，设备、器材检查和运行，设备使用、清洁和保养，新产品开发、试制和推广，菜点售缺通知，顾客退换菜点处理，以及安全器械保管和使用等。

（2）厨房生产操作程序

厨房生产操作程序包括原料加工和洗涤，水产品、肉类等原料切割，干货原料涨发，原料活养、保管、上浆和挂糊，开餐前的准备，出品，餐后收尾等。

2. 统一生产工作规格与标准

生产工作规格和标准是对生产工作结果的控制。明确生产工作规格、标准不仅有利于员工执行，也有利于顾客对厨房产品的认同。

（1）厨房生产、作业规格

厨房生产、作业规格包括原料加工、切割规格，原料浆腌规格，烹调调味汁兑制规格，装盘出品规格，申购原料规格，果盘制作规格等。

（2）厨房工作标准

厨房工作标准包括厨房员工行为规范，物品、原料、成品存放标准，干货原料涨发标准，各类出品温度标准，食品、生产、人员卫生标准等。

三、提供必备的生产条件

厨房要从事正常有序的生产，必须具备生产原料供给到位和产品及时出售的条件。只有这样，厨房员工才能专心致志地开展各自的加工、生产工作。

1. 原料的采供、申领渠道要畅通，货源要有保障，各种原料、调料、用具、用品保证不断档，规格、质量要符合要求。

2. 厨房的设计布局要尽可能合理，生产操作和出品流程要通畅便利，厨房设备和工具品种、规格要齐全，通风、排水要合理。

3. 厨房产品的服务销售要与生产紧密衔接，保证成品能及时、高质量地销售。

四、建立相对稳定的厨师队伍

建立一支高素质、相对稳定的厨师队伍，对提高厨房工作效率，保证出品质量有重要的意义。

一方面，厨师技术要过硬。厨师劳动是以手工操作为主的技术工作，从原料的鉴别到初加工，从手工切配到掌握火候、调味，都有其特定的技术要求和操作难度。一名合格的厨师要有精细的刀工，对火候的掌握要适当，调味要准确适口，只有这样，才能通过过硬的技术赢得顾客，为餐饮企业增加更多的效益。

另一方面，要保持技术骨干的稳定。厨师队伍尤其是厨房各主要岗位技术骨干的相对稳定，对维持正常的生产秩序、保证出品质量是十分重要的。

第四节　厨房管理任务

厨房管理就是科学利用和整合厨房人力、设备、原料等各种资源，提供品质优良且持续稳定的出品，创造最高的工作效率。

一、充分调动员工积极性

厨房管理应坚持以人为本，通过经济、法律、行政等各种手段和方式，激发厨房员工的工作热情，充分调动员工的工作积极性。员工积极性调动起来了，工作效率就会提高，产品质量就会有保障，对技术精益求精的风气就可能形成并发扬光大。反之，员工情绪消极，将给厨房生产和管理带来种种隐患，厨房的发展、产品开发和创新就会变得举步维艰。

二、完成各项任务指标

1. 完成餐饮企业规定的营业收入指标

营业收入反映餐饮企业综合收益和总体经营的情况。厨房虽不直接销售产品，但其制作的菜点是餐饮企业收入的主要组成部分。

2. 实现餐饮企业规定的毛利及净利指标

餐饮企业为积累资金，扩大再生产，提高经济效益，规定厨房产品必须实现一定的毛利及净利指标。这也是厨房管理的重要内容。

3. 达到餐饮企业规定的成本控制指标

在保证顾客利益的前提下，成本控制准确，才能为餐饮企业多创造效益。

4. 符合餐饮企业及卫生防疫部门规定的卫生指标

这是对顾客身心健康负责，保证餐饮企业社会效益，创造餐饮企业可持续发展条件的重要考核指标。

5. 达到餐饮企业规定的菜点质量指标

菜点质量指标包括出品给顾客的感官印象和内在的营养卫生等要素。

6. 完成餐饮企业规定的食品创新、促销活动指标

研究开发菜点新品，不断推出各种食品促销活动，既是餐饮业竞争的必然结果，又是扩大餐饮企业声誉、创收营利的重要手段。

三、建立高效的管理系统

厨房管理要为整个厨房设立一个科学、精练、确有成效的生产运转系统。这主要包括人员的配备、组织管理层次的设置、信息的传递、质量的监控、货源的组织与出品销售的协调指导等方面。建立管理系统主要从管理的战略、管理的方针、管理的模式、管理的流程、管理的标准、管理的制度、管理的工具、管理的评估等方面开展，逐步形成经济、优质、快捷、高效的现代厨房管理体系。

四、制定工作规范和产品标准

为了保证厨房的各项工作有章可循，统一厨房的业务处理程序，维持一致的加工、制作、出品标准，厨房管理者必须明确制定并督促执行各项工作规范和产品规格标准。制定厨房生产规格标准的要求有以下几点：管理者与员工一致认可，切实可行，易于衡量和检查，利于贯彻始终。

五、科学设计布局

厨房设计布局科学合理可以节省人力、物力，给正常的生产操作带来很大便利，也对提高、稳定厨房出品质量起到一定的保障作用；反之，则不仅增大设备投资，浪费人力、物力，而且还给厨房卫生、安全留下事故隐患，给出品的速度和质量控制带来诸多不便。因此，厨房管理者应积极参与、不断完善厨房的设计与设备布局，为员工创造良好的工作环境。

六、制定科学系统的管理制度

发动厨房员工讨论并制定一些保障厨房生产秩序所必需的基本制度，既可以保护大部分员工的正当权益，又可以约束少数人员的不自觉行为。厨房需要建立的基本制度有厨房纪律、出菜制度、员工休假制度、值班交接班制度、卫生检查制度、设施设备使用维护制度、技术业务考核制度等。

制定厨房管理制度必须注意以下几点。

1. 要从便于管理、照顾员工利益的角度出发。

2. 内容要切实可行，便于执行和检查。

3. 措辞要严谨，各项制度之间、与餐饮企业总体规定之间不应有违背和矛盾的地方。

4. 要以正面要求为主，注意策略和员工情绪。

七、督导厨房有序运转

将厨房的软、硬件进行有机的组合搭配，随时协调、检查、控制、督导厨房生产的全过程，保证厨房各项工作规范和工作标准得以贯彻执行，及时生产并提供各种风味纯正、品质优良的厨房产品，保证各餐厅按时开餐，满足各类用餐顾客的需要，是厨房管理的根本任务。督导厨房生产全过程，是对厨房所有岗位、各个生产环节的全面质量管理，是厨师长和其他管理人员的任务。当然，管理者应以身作则、身先士卒，以实际行动感染和激励厨房所有员工自觉自律、勤奋工作，为厨房顺利开展各项工作奠定坚实可靠的基础。

思考与练习

1. 厨房生产运作特点有哪些?
2. 厨房生产有哪些要求?
3. 厨房管理有哪些任务?
4. 厨房需完成哪些规定的任务指标?
5. 制定厨房管理制度要注意哪些要领?
6. 根据厨房生产运作特点，简述厨房管理的要求。
7. 根据生产工艺合作性的要求，简述厨房生产岗位配合的重要性。

第二章 厨房组织管理

学习目标

1. 熟悉厨房各部门的职能。
2. 了解厨房与相关部门的沟通联系。
3. 掌握厨房机构设置的原则。

科学、完善的厨房组织结构可以清楚地反映每个岗位人员的职责，避免越级或横向指挥，能及时发现工作疏漏，防止重复安排工作，使每位员工清楚自己在厨房中的位置和发展方向。

第一节　厨房组织结构设置

了解厨房各部门、各工种职能，是进行厨房组织结构设置的前提。厨房组织结构设置的关键是将组织结构设置的原则与餐饮企业的类型、档次及厨房现状有机地结合起来，力求有创意地设计出便于管理、节省人力、全面系统的厨房组织结构。

一、厨房各部门职能

厨房职能随餐饮企业规模的大小和经营风味的不同而有所区别。厨房的生产运作是厨房各岗位、各工种通力协作的过程。原料进入厨房，要经过加工、配菜、炉灶、冷菜、点心等部门的相应处理。厨房各岗位都承担着重要职能。

1. 加工部门

加工部门是原料进入厨房的第一生产岗位，主要负责蔬菜、水产品、禽畜、肉类等各种原料的拣择、洗涤、宰杀、整理，即所谓的初加工。干货原料的涨发、洗涤、处理也属于初加工范畴。现代厨房的加工部门在对原料进行初加工的基础上，还要按照规格要求对原料进行刀工切割处理，并做预制浆腌，这又称为深加工或精加工。在连锁饭店和饭店集团，加工部门的职能还要扩大一些，比如在对一些原料进行加工、调味的基础上，还要按规格要求进行真空包装，再送达各连锁销售点，以便于烹调、销售。因此，有些连锁饭店和饭店集团需在加工厨房的基础上建立加工（配送）中心，或称切配中心。

2. 配菜部门

配菜部门负责将加工后的原料按照菜点制作要求，进行主料、配料、小料的组合配份。配菜部门使用的原料都是净料，而且直接影响着每道菜、每种原料的投放数量，涉及原料成本控制问题，是很关键的部门，在整个生产过程中起着桥梁、纽带的作用。

有些生产量不大的厨房的配菜部门又称切配部门。加工部门只是负责对各种原料进行初步加工，而原料的刀工处理、浆腌等精细加工及配菜则由配菜部门完成。

3. 炉灶部门

炉灶部门负责将配制好的组合原料进行加热、杀菌、消毒和调味等，做出符合风味、质地、营养、卫生要求的成品。该部门决定成菜的色、香、味、质地、温度等，是开餐期间最繁忙的部门，对出品质量、效率影响也最大。

4. 冷菜部门

冷菜部门负责冷菜的刀工处理、腌制、烹调及装盘工作。冷菜大多先烹调后配份、装盘，因此其生产、制作与切配、装盘是分开进行的。冷菜的切配、装盘场所卫生要求高，特别要求低温、杀菌。

5. 点心部门

点心部门主要负责点心的制作和供应。有些厨房的点心部门还兼管甜品、炒面类食品的制作。西餐厨房的点心部门又称包饼房，主要负责各类面包、蛋糕、甜品等的制作与供应。

6. 管理部门

管理部门负责确立规章制度，制订营业计划并组织完成经营指标，分析经营状况，制订促销计划，编制菜单，抓好食品卫生和安全生产工作，搞好各部门协调配合，抓好员工队伍建设，加强培训考核和选拔人才，激发员工积极性和创新精神，形成集体凝聚力。

二、厨房组织结构设置原则

1. 高效工作原则

厨房各部门应以满负荷生产、承担足够工作量为原则，因事按需设置组织层级和岗位。机构确立后，本着节约劳动的原则核计各工种、岗位劳动量，定编定员，杜绝人浮于事，保证组织精练、高效。

2. 责权利相当原则

厨房组织结构的每一层级都应有相应的责权。组织结构必须树立管理者的权威，赋予每个职位以相应的职务权力。有一定的权力是履行一定职责的保证，有权力就应承担相应的责任。责任必须落实到各个层次、各个岗位，必须明确、具体。要坚决杜绝“集体承担、共同负责”，而实际上无人负责的现象。一些技术含量高、贡献大的重要岗位（如厨师长、头炉等）在承担菜点开发创新、成本控制等重要任务的同时，应有与之相对应的权力及利益所得。

3. 跨度适当原则

管理跨度是指一名管理者能够直接有效指挥、控制的下属人数。通常情况下，一名管理者的管理跨度以 3~6 人为宜。影响厨房生产管理跨度大小的因素主要有：

（1）管理层次

厨房内部的管理层次不宜太多。厨房组织结构的上层以启发、激励管理为主；基层管理人员以指导、带领员工操作为主，管理跨度可适当增大，一般可达 10 人左右。结构层次越多，工作效率越低，差错率越高，内耗越大。

（2）生产组织形式

厨房人员集中作业比分散作业的管理跨度要大些。

（3）管理者能力

管理者自身工作能力强，下属自律能力强，技术熟练稳定，综合素质高，管理跨度可大些；反之，管理跨度就要小些。

4. 分工协作原则

厨房生产是诸多工种、若干岗位、各项技艺协调配合进行的，任何一个环节的不协调都会给整个厨房生产带来不利影响。因此，厨房各部门既要强调自律和责任心，不断钻研业务技能，又要培训一专多能，强调谅解、合作与补台。在生产繁忙时期，厨房员工更需要发扬团结一致、协作配合的精神。

由于各餐饮企业的经营风味、经营方式和管理体系不同，因此，餐饮企业在确立厨房组织结构时，要在力求遵循组织结构设置原则的基础上，充分考虑自身的特色。

第二节　厨房岗位职责

厨房岗位职责就是厨房员工在厨房组织当中的位置和应承担的责任。制定厨房岗位职责，就是对厨房各岗位规定工作责任，明确组织关系，提出任职要求，使各岗位员工明确自己在组织中的位置、工作范围、工作任务及权限。厨房岗位职责是衡量和评估厨房每名员工工作的依据，是工作中进行沟通和协调的依据，是选择岗位人选的标准和依据，同时也是实现厨房高效率生产的保证。厨房岗位职责内容应具体明确、易理解、易执行，成为厨房各项生产、管理工作的指南。

厨房组织结构如图 2-1 所示。

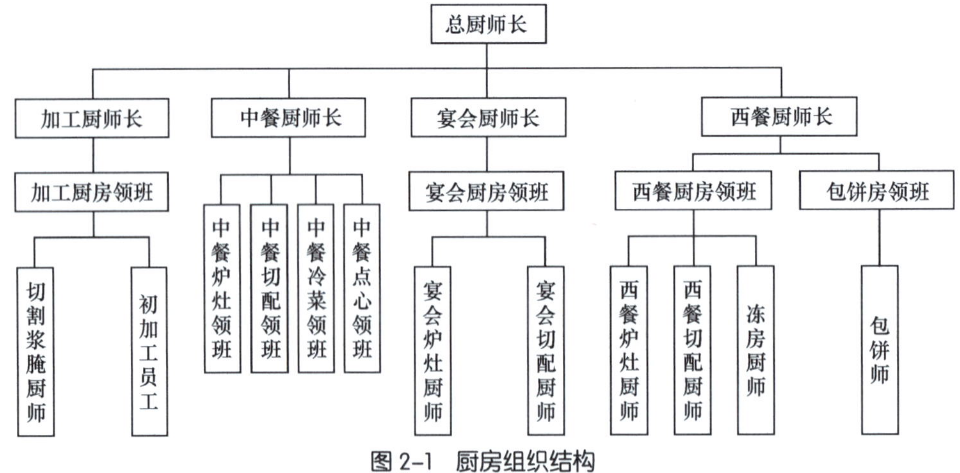

图 2-1　厨房组织结构

一、总厨师长岗位职责

总厨师长负责整个厨房的组织、指挥、运转管理工作；通过设计、组织生产，提供富有特色的菜点产品吸引顾客；进行食品成本控制，为餐饮企业创造最佳的社会效益和经济效益。具体职责如下。

1. 组织和指挥厨房工作，监督食品制作，按规定的成本生产优质产品。

2. 根据餐饮部的经营目标和方针及下达的生产任务，负责中、西餐市场开发及发展计划的制订，设计各式菜单，并督导菜单更新。

3. 协调中餐、西餐厨房工作，协调厨房与其他相关部门之间的关系，根据厨师的业务能力和技术特长，决定人员安排和工作调动。

4. 根据各工种、岗位的生产特点和餐厅营业状况，编制工作时间表，检查下属对员工的考核工作，负责对下属的工作表现进行评估。

5. 根据餐饮部总体工作安排，组织实施厨房员工的考核、评估工作，对下属及员工的发展做出规划。

6. 督导厨房管理人员对设备、用具进行科学管理，审定厨房设备用具的更换添置计划。

7. 审定厨房各部门工作计划、培训计划、规章制度、工作程序和生产标准。

8. 负责菜点出品质量的检查、控制，亲自为重要顾客烹制菜点。

9. 定期分析、总结生产经营情况，改进生产工艺，准确控制生产成本，使厨房的生产质量和效益不断提高。

10. 负责对贵重食品原料的申购、验收、领料、使用等情况进行检查控制。

11. 主动征求顾客以及餐厅对厨房产品质量和供应方面的意见，督导实施改进措施，负责处理顾客对菜点质量方面的投诉。

12. 参加企业及餐饮部召开的有关会议，保证会议精神的贯彻执行。

13. 督导厨房各岗位保持整齐清洁，确保厨房食品、生产及个人卫生，防止食物中毒事故的发生。

14. 检查厨房安全生产情况，及时清除各种隐患，保证设备设施安全及员工操作安全。

15. 审核、签署有关厨房工作方面的报告。

二、加工厨房岗位职责

1. 加工厨师长岗位职责

加工厨师长全面负责中餐、西餐加工厨房的组织管理工作，保证及时向各烹调厨

房提供所需的各种按规格加工生产的烹饪原料。具体职责如下：

（1）检查加工原料的质量，根据客情及菜单要求，负责加工厨房各岗位人员的安排和生产组织工作。

（2）收集、汇总各厨房所需的加工原料，具体负责向采购部门订购各类食品原料。

（3）检查原料库存和使用情况，并及时向总厨师长汇报，保证厨房生产的正常供给和原料的充分利用，准确控制成本。

（4）检查督导并带领员工按规格加工各类原料，保证各类原料加工及时，成品合乎要求。

（5）主动征询各厨房对原料使用的意见，不断研究和改进加工工艺，对新开发菜点原料的加工规格进行研究。

（6）检查下属的仪容仪表，督促各岗位搞好食品及加工生产的卫生。

（7）负责加工厨房员工的考核、评估，协助总厨师长做出奖惩决定。

（8）督导员工检查、维护各类加工设备，并对其维修保养和添置提出建议。

（9）制订加工厨房员工培训计划，并组织实施。

2. 加工厨房领班岗位职责

加工厨房领班协助加工厨师长负责加工厨房的管理工作，带领员工按规格加工各烹调厨房所需各类烹饪原料，保证及时有序发货。具体职责如下：

（1）根据生产需要，负责安排择菜、水台、切割、浆腌等岗位工作，保证加工原料的供给。

（2）根据原料的质地、性能，带领员工进行合理分割，严格按规格加工、切割，努力提高出净率，准确控制成本。

（3）严格检查每日宴会菜单、自助餐菜单及各厨房原料申订情况，确保加工生产的各类原料没有遗漏。

（4）协助加工厨师长检查冷库原料，合理申购原料；协助把好原料进货的质量和数量关，杜绝浪费。

（5）安排员工值班、轮休，协助加工厨师长对本组员工进行考核和评估。

（6）检查员工的仪容仪表及个人和包干区卫生，督促员工做好收尾工作。

（7）督导员工做好加工设备的维护保养工作。

3. 切割浆腌厨师岗位职责

切割浆腌厨师负责蔬菜、家禽、家畜、水产品的加工、切割、浆腌等工作，保证及时向各烹调厨房提供符合质量标准的加工成品原料。具体职责如下：

（1）了解客情和菜单，负责备齐切割、浆腌原料。

（2）负责按加工规格要求对原料进行切割、浆腌（上浆、腌制）。

（3）与各烹调、配份、点心及冷菜等岗位密切联系，保证提供的加工原料及时适量，不断改进加工工艺，提高出净率。

（4）及时清运垃圾，保持本岗位卫生整洁。

（5）正确使用和维护所用器械设备，妥善保管加工用具。

（6）及时、妥善保藏未加工及加工好的原料，杜绝浪费。

（7）负责每日所需加工原料的发放。

4. 初加工员工岗位职责

初加工员工负责家禽、家畜、水产品、蔬菜等原料的初步整理、洗涤、宰杀等加工工作，并负责厨房区域地面、墙壁的清洁卫生工作。具体职责如下：

（1）在加工厨师的指导安排下，具体负责食品原料的初步加工整理工作。

（2）负责将蔬菜原料按规格要求去皮、筋、枯叶、虫卵等杂物，洗涤干净。

（3）负责将禽畜、水产类原料按规格去净羽毛、鳞壳、脏器等杂物，洗涤干净。

（4）认真钻研加工业务，努力提高出净率，保证加工原料符合营养、卫生及烹制菜点的规格质量要求。

（5）主动落实并保持厨房区域地面及墙壁的清洁和干爽。

（6）妥善保管加工用具，保持本岗位使用设备用具的卫生整洁。

三、中餐厨房岗位职责

1. 中餐厨师长岗位职责

中餐厨师长协助总厨师长全面负责中餐厨房零点菜点的生产管理工作，带领员工从事菜点生产制作，及时提供符合质量标准的产品。具体职责如下：

（1）协助总厨师长做好零点厨房的组织管理工作。

（2）安排零点厨房的生产，检查并督促切配、炉灶、冷菜、点心等各岗位按规定的操作程序进行生产。

（3）与总厨师长一起编制零点菜单，协助总厨师长制定菜点规格和制作标准；向采购部门提供所用原料的规格、标准；参与研究开发新品菜点，计划食品促销活动。

（4）督导下属按工作标准履行岗位职责，主持高规格以及重要顾客菜点的烹制工作，带头执行各项生产规格标准。

（5）具体负责预订及验收零点厨房每日所需原材料，负责原料、调料领用单的审签。

（6）负责协调零点厨房各班组的工作，负责对下属进行考勤，根据其工作表现向总厨师长提出奖惩建议。

（7）督导零点厨房各岗位搞好环境及个人卫生，防止发生食物中毒事故。

（8）负责拟订零点厨房的业务培训计划，报请总厨师长审定并负责实施。

（9）负责检查零点厨房所有设备、器具的使用情况，填开厨房设备检修报告单，保证设施设备运行良好。

（10）根据总厨师长的要求，负责制订零点厨房年度工作计划。

2. 中餐炉灶领班岗位职责

中餐炉灶领班带领本组员工及时按规格烹制中餐各类菜点，安排打荷工作，做到出品质量稳定，风味纯正，前后有序。具体职责如下：

（1）了解营业情况，熟悉菜单，合理调配打荷、炒灶、汤锅、油锅、蒸笼等各岗位工作。

（2）负责调制本厨房所有烹调菜点的调味汁，确保口味统一；督促打荷备齐各类餐具，及时安排员工做好开餐前的准备工作。

（3）带领员工按规格烹调，与切配领班密切合作，保证生产有序，出品优质及时。

（4）及时检查炉灶烹制出品的质量，检查盘饰的效果，妥善处理和纠正质量方面的问题。

（5）督导本组员工节约能源，合理使用调料，降低成本，杜绝浪费。

（6）安排本组员工值班、轮休，负责本组员工的考核、评估。

（7）检查员工的仪容仪表及个人和包干区卫生，督促员工做好收尾工作。

（8）负责炉灶员工菜点烹制技术的培训与指导工作。

（9）负责检查设备及用具的维护和保养情况，对需要修理或添补的设备和用具，提出报告和建议。

3. 中餐切配领班岗位职责

中餐切配领班带领本组员工按规格切配各类中餐菜点，保证炉灶烹调的顺利进行。具体职责如下：

（1）根据中餐营业情况和菜单，合理分配本组员工从事各项切配工作。

（2）负责检查原料的库存数量和质量，准确订购原料并充分利用剩余原料。

（3）督导员工按规格切配，合理用料，准确配份，控制成本，保证接收订单与出品有条不紊。

（4）负责对本组员工进行考核、评估。

（5）督导本组员工把握出品节奏与顺序，理顺工作秩序。

（6）检查员工的仪容仪表及个人和包干区卫生，督促员工做好收尾工作。

（7）督导员工做好设备、用具的维护保养和保管工作。

4. 中餐冷菜领班岗位职责

中餐冷菜领班组织安排本组员工按规格加工制作各类风味纯正的中餐冷菜，保证出品及时有序。具体职责如下：

（1）根据正常营业情况和中餐冷菜菜单，合理安排本组员工工作。

（2）负责安排冷菜原料申领、加工和烹调工作。

（3）督促员工按规格制作冷菜，保证冷菜的口味、装盘形式等合乎规格要求，负责冷菜所需调味汁的制作。

（4）每日检查冰箱内的冷菜质量，力求当天出售，严把冷菜质量关。

（5）不断创新，适时推出新品冷菜。

（6）负责对冷菜装盘形式和重量进行检查，准确控制冷菜成本。

（7）每日检查所用冷藏设备运转是否正常，发现问题及时报修。

（8）检查员工的仪容仪表及个人和包干区卫生，督促员工做好收尾工作。

（9）合理安排本组员工值班、轮休，确保生产出品得以正常进行，负责本组员工的考核、评估。

5. 中餐点心领班岗位职责

中餐点心领班负责中餐点心单的制定以及点心间的生产管理工作，带领本组员工制作、出品风味纯正的中餐点心。具体职责如下：

（1）制定中餐点心单及点心制作规格标准，报总厨师长审批后督导执行，定期推出新产品。

（2）负责安排原料的申领、加工，掌握客情，根据菜单做好开餐的准备工作。

（3）检查原料的储藏情况，确保原料质量，杜绝浪费。

（4）负责检查各种馅料的配比、口味，严格把好质量关。

（5）带领员工按规定操作程序和质量标准加工制作早餐及午、晚餐各类面点，做到点心出品质量达标，有序及时，节约使用原料，控制点心成本。

（6）主动与热菜厨房等岗位协调，合理调配、安排大型活动中的点心生产与出品工作。

（7）安排本组员工值班、轮休，负责本组员工的考核、评估。

（8）督导维护和保养设备，负责对面点生产所需设备、器具的添补和维修提出建议。

（9）检查员工的仪容仪表及个人和包干区卫生，督促员工做好收尾工作。

四、宴会厨房岗位职责

1. 宴会厨师长岗位职责

宴会厨师长在总厨师长的领导下，主持宴会厨房的日常生产及管理工作；协助总

厨师长负责宴会菜单的安排和生产组织，向顾客提供优质宴会菜点，以创造最佳的效益。具体职责如下：

（1）负责宴会厨房生产计划的安排，检查并协调各班组宴会菜点的生产和出品工作，保证宴会顺利开餐。

（2）负责不同规格宴会标准菜单的制定工作，并针对不同客源，负责临时或特殊客情宴会菜单的制定工作。

（3）根据宴会菜单，负责审签原料申购和领用单，检查领取原料的质量和数量，保证宴会菜点所用原料都达到质量标准。

（4）制定并督导执行宴会菜点规格，负责菜点制作过程中的质量控制工作，确保出品符合质量标准。

（5）虚心听取顾客的意见和要求，不断提高菜点的质量，设计、创新菜式，适时翻新变化。

（6）根据宴会工作任务合理安排员工工作，确保出品的质量和速度都得到有效的控制。

（7）对下属不断进行业务指导，并组织实施各项技术培训；对下属进行工作评估，并向上级提出奖惩建议。

（8）督导员工做好工具、设备、设施的使用、清洁和维护保养工作，以及工作场地的清洁工作。

2. 宴会厨房领班岗位职责

宴会厨房领班带领本组员工按规格生产出品宴会的各类菜点，安排打荷工作，做到出品质量稳定，风味纯正，及时有序，不断提高菜点质量。具体职责如下：

（1）了解营业情况，根据菜单，合理安排切配、打荷及炉灶等岗位工作。

（2）备齐宴会菜点原料，检查落实冷菜及点心的生产和供应工作，根据宴会菜单备齐各类餐具，做好开餐前的准备工作。

（3）督导盘饰工作，检查宴会菜点的出品质量，保证出品合乎规格标准。

（4）安排员工值班、轮休，负责对员工进行考核和评估。

（5）主动征询意见，提高出品质量，积极开展菜点创新活动，适时调整宴会菜单。

（6）检查员工的仪容仪表及个人和包干区卫生，督促员工做好收尾工作。

（7）带头维护和保养宴会厨房设备，对需要维修或添补的设备及用具提出相应建议。

（8）负责对宴会厨师进行菜点生产技术的培训与指导。

3. 宴会炉灶厨师岗位职责

宴会炉灶厨师负责宴会菜点的烹制出品工作，及时提供标准一致、风味纯正的宴会菜点。具体职责如下：

（1）了解客情及菜单内容，负责蒸锅、油锅、烤箱、炉灶等烹调准备工作。

（2）负责原料焯水、过油等初步熟处理工作，确保各类宴会准时起菜。

（3）及时按规格烹制宴会菜点，保证出品符合质量要求。

（4）保持个人、工作岗位及包干区的卫生整洁，做好收尾工作。

（5）妥善保管宴会所剩的各种半成品原料，分类整理并保管好各类用具。

（6）维护、保养、规范使用各种设备及用具。

4. 宴会切配厨师岗位职责

宴会切配厨师负责宴会菜点的切配工作，及时向炉灶提供合乎配份规格的产品。

（1）根据客情，领取、备齐菜单所需的各种原料。

（2）按宴会规格标准进行切配工作，保证主料、配料和料头齐全，分量准确。

（3）根据菜点要求，负责将耐火原料提前送至炉灶部门进行烹调。

（4）做好收尾工作，妥善保存各类半成品原料，分类整理并保管好各类用具。

（5）保持个人和工作岗位及包干区的卫生整洁。

（6）正确使用和维护器械用具，保持其完好整洁。

五、西餐厨房岗位职责

1. 西餐厨师长岗位职责

西餐厨师长协助总厨师长全面负责西餐厨房的生产管理工作，带领员工从事菜点生产及包饼制作，及时提供符合质量标准的产品。具体职责如下：

（1）协助总厨师长做好西餐厨房生产的组织管理工作。

（2）根据总厨师长要求，制订年度培训、促销等工作计划。

（3）负责咖啡厅厨房及西餐厨房人员的调配工作。

（4）根据厨师的技艺专长和工作表现，合理安排其工作岗位，负责对下属进行考核评估。

（5）负责制定西餐菜单，对菜点质量进行现场指导把关。

（6）根据菜单制定菜点的规格标准；检查库存物品的质量和数量，合理安排、使用原料；审签原料订购和领用单，把好成本控制关。

（7）负责指导西餐厨房领班工作，做好班组间的协调工作，及时解决工作中出现的问题。

（8）负责西餐厨房员工培训计划的制订和实施，适时研制新的菜点品种，并保持西餐的风味特色。

（9）督促员工执行卫生法规及各项卫生制度，严格防止食物中毒事故的发生。

（10）负责对西餐厨房所有设备、器具的使用情况进行检查与指导，审批设备检修报告单。

（11）主动与餐厅经理联系，听取顾客及服务部门对菜点质量的意见；与采购供应等部门协调关系，不断改进工作。

2. 西餐厨房领班岗位职责

西餐厨房领班负责西餐厨房及咖啡厅厨房菜点生产及管理工作，及时提供优质的西餐菜点。具体职责如下：

（1）协助厨师长做好西餐厨房及咖啡厅厨房各岗位的协调、组织管理工作。

（2）协助西餐厨师长制定各类西餐菜单，制定菜点制作规格及工作程序标准，参与制定自助餐菜单，研究开发特选菜点。

（3）检查、督导员工按标准加工、切配、烹制菜点。

（4）负责每日所需原料的预订和进入厨房原料质量的检查工作。

（5）督促检查员工的仪容仪表、个人卫生和包干区卫生，做好收尾工作。

（6）安排员工值班、轮休，督促做好各班次间的交接工作。

（7）负责对下属员工进行考核和评估，向厨师长提出奖惩建议。

（8）对下属员工进行技术培训。

（9）带领下属员工做好设备的维护、保养工作。

3. 西餐炉灶厨师岗位职责

西餐炉灶厨师负责西餐及客房用餐菜点的烹制与出品工作，保证出品及时，合乎质量要求。具体职责如下：

（1）根据营业情况和客情通知，负责熬制开餐所需汤汁。

（2）根据订单，有序烹制顾客所点各种热菜，并及时出品。

（3）妥善保藏各种调料及食品，确保食品卫生，做好开餐准备及餐后收尾工作。

（4）维护、保养各种烹调设备，合理使用和保管各种用具。

（5）保持个人、工作岗位、设备、用具及包干区的卫生整洁。

4. 西餐切配厨师岗位职责

西餐切配厨师负责西餐及客房用餐菜肴的配份等工作，与炉灶配合，保证出品及时有序。具体职责如下：

（1）根据营业情况和客情通知，负责领取、备齐各类已加工原料。

（2）负责备齐各类开餐切配用器具，清洁工作台，做好开餐的准备工作。

（3）根据订单、宴会菜单和出品次序，分别进行菜肴配份，并及时分派给炉灶烹调。

（4）妥善保藏各种原料，清理工作区域，做好餐后的收尾工作。

（5）维护、保养各种器械设备和用具。

（6）搞好个人及岗位责任区域卫生。

5. 冻房厨师岗位职责

冻房厨师负责冷菜、沙拉、冷沙司及各种水果盘的制作工作，保证及时提供合乎西餐风味要求的各类菜点。具体职责如下：

（1）根据客情通知，负责制作宴会、自助餐、零点、套餐等形式的冷菜、沙拉及冷调味汁。

（2）负责冻房原料及水果的领取、加工、烹制及装盘工作，对出品的质量和卫生负责。

（3）负责提供热菜盘饰及自助餐台所用各类食雕花卉、艺术品。

（4）接收零点和宴会订单，及时按规格切配装盘，向餐厅准确发放冷菜、沙拉和水果盘。

（5）妥善保藏剩余的原料、冷调味汁及成品，做好餐后的收尾工作。

（6）定期检查、整理冰箱，保证存放食品、水果的质量。

（7）保持个人、工作岗位及包干区的卫生整洁，并负责冻房的消毒工作。

（8）正确维护、合理使用器械设备，保持其完好清洁。

6. 包饼房领班岗位职责

包饼房领班负责西餐包饼房的生产管理工作，保证及时提供合乎风味要求的包饼产品。具体职责如下：

（1）负责包饼房各种包饼、点心及雪糕的制作和出品；协助厨师长参与有关包饼、甜品供应单的制定，并进行成本核算与定价。

（2）负责制定各类包饼、甜品的标准食谱，报厨师长审核后督导执行。

（3）参与设计、布置自助餐台及其他大型活动的餐台。

（4）根据客情，负责分配、安排包饼生产任务，严格把好原料领用和包饼出品质量关。

（5）负责安排包饼房员工的值班、轮休，并对员工进行考勤和评估。

（6）检查员工仪容仪表，督促其搞好个人及包干区的卫生。

（7）督导员工对用具和设备进行维护和保养。

7. 包饼师岗位职责

包饼师负责餐饮企业内部及外卖所有面包、蛋糕和甜品的生产制作，并保证正常供给。具体职责如下：

（1）负责检查所有包饼、甜品的库存情况。

（2）检查落实面包糕饼制品的原料，并及时补充。

（3）根据客情需要，有计划地按照规格标准生产包饼、甜品，保持有一定量的周转成品。

（4）定期检查冰箱、冷库，保证各种存放原料、成品的卫生和质量。

（5）定期维护、保养各种设备，正确使用、保管各种用具。

（6）保持个人、工作岗位、器具及包干区的卫生整洁。

第三节　厨房的联系沟通

为了连续不断地进行生产，及时向顾客提供各种优质产品，保证满足顾客的餐饮需求，厨房工作必须得到各个相关方面的支持与配合。

一、与餐厅部门的联系沟通

厨房的主要责任是及时为顾客提供优质菜点，而菜点质量的评判者是就餐顾客。顾客的意见和建议要靠餐厅部门传达给厨房，这样才有可能改进生产，提高出品质量，使产品更加适销对路。厨房要及时通报售缺或已售完菜点，使点菜服务员能主动向顾客做好解释工作。餐厅部门要协助厨房检查出菜速度、温度等质量和次序问题，帮助推销特色、创新或可能出现过剩的菜点。因此，厨房要主动征求、虚心听取餐厅部门的意见，不断改进工作，以积极、诚恳的态度与餐厅部门进行沟通和联系。

二、与宴会预订部门的联系沟通

宴会预订是指餐饮企业与顾客接触、洽谈，接受并处理宴会等用餐需求的工作，由负责餐饮经营客情信息的部门进行搜集、整理和发布。宴会预订部门就是负责该项工作的组织管理部门。厨房必须密切关注由宴会预订部门发出的各种客情信息，包括宴会规格、宴会菜单、用餐人数、特殊要求、用餐日期等。大部分宴会的菜单是由宴会预订部门发出的，因此，厨房应经常性地与宴会预订部门做好以下几方面的沟通配

合工作。

1. 厨房每日要主动向宴会预订部门提供货源情况，尤其是鲜活待销货源情况，以便列入菜单及时销售。

2. 厨房要经常向宴会预订部门提供时令创新品种，介绍其特点和做法，不断满足顾客需求。

3. 厨房还要经常向宴会预订部门提供原料出净率、涨发率等技术资料，帮助宴会预订部门掌握情况，控制成本。另外，厨房还要积极配合宴会预订部门做好出品及控制工作，主动征询服务人员及顾客意见，不断提高宴会菜点质量。

三、与采购部门的联系沟通

厨房生产的原料是由采购部门提供的。因此，厨房必须和采购部门保持密切联系，共同商定食品原料采购规格标准和库存量，每日定时向采购部门提交原料申购单。

厨房还应重视采购部门关于货物库存方面的信息，协助加快库存原料的周转，推销、处理积压原料。采购部门为厨房提供有关原料的市场行情也是十分重要和必要的。

四、与餐务部门的联系沟通

餐务即餐饮事务，是餐饮部除厨房生产、餐厅和酒水服务工作以外与餐饮联系十分密切的工作。该部门承担厨房大量的清洁卫生和垃圾处理工作。厨房在与餐务部门分工协作的同时，还要协调、督促餐务部门及时做好相关工作。遇有大型餐饮活动，厨房更应事先充分计划各类餐具规格和需求量，并及时与餐务部门沟通，保证餐具能够满足开餐的需要。

思考与练习

1. 厨房岗位职责有哪些?

2. 厨房机构设置原则有哪些?

3. 厨房与餐厅部门、宴会预订部门、采购部门、餐务部门如何进行联系沟通?

4. 试根据厨房机构设置原则进行中、小型厨房机构设置。

第三章

厨房人力资源管理

学习目标

1. 了解厨师长的素质要求。
2. 了解厨房员工招聘程序与方法。
3. 掌握厨房员工培训原则。
4. 掌握确定厨房人员数量的方法。
5. 掌握厨房员工激励的原则与方法。

厨房人力资源管理不仅要根据餐饮企业的规模、档次和经营特色，以及厨房的结构、布局状况进行组织结构设置，并与人事部门协商，决定员工的配备数量，确定各工种的用工比例，还要在岗位工作量与厨房生产总量相适应的基础上，通过优化组合，发挥人力资源的最大效用。此外，适时向社会招聘，充实、调整、健全厨房员工队伍，实施各种形式的培训和激励，不断提高厨房员工队伍素质，也是厨房人力资源管理的重要内容。

第一节　厨房人员配备

厨房人员配备包括两层含义：一是指满足生产需要的厨房所有员工（含管理人员）人数的确定；二是指生产人员的分工定岗，即厨房各岗位人员的选择和合理安置。厨房人员配备不仅直接影响劳动力成本的大小，厨师队伍士气的高低，而且对厨房生产效率、产品质量和餐饮生产经营的成败都有着不可忽视的影响。因此，这项工作是餐饮企业进行正常生产经营的基础管理工作，必须抓细做好。

一、确定厨房人员数量的要素

不同规模、不同档次、不同规格要求的餐饮企业的厨房，员工配备的数量是不一样的。只有综合考虑以下因素，再确定厨房人员数量才是科学的。

1. 厨房生产规模

厨房的面积、数量、生产能力对厨房人员配备很关键。厨房生产规模大，餐饮服务接待能力就大，生产任务无疑较重，配备的各方面生产人员就多；反之，厨房生产规模小，接待能力有限，就可少配备一些人员。

2. 厨房的布局和设备

厨房结构紧凑，布局合理，生产流程顺畅，岗位设置高效，货物运输路程短，配备的人员就可减少；厨房多而分散，各加工、生产厨房间隔或相距较远，或不在同一座建筑物、同一楼层，配备的人员就要增加。

厨房设备性能先进，配套合理，功能全面，不仅可以节省厨房人员，而且还可以

提高生产效率，扩大生产规模；相反，则需多配备人员，才能满足生产需要。

3. 菜单与产品标准

菜单是餐饮生产、服务的任务书。菜单品种丰富、规格齐全，菜点加工制作复杂，加工产品标准高，无疑都要加大工作量，厨房人员要配备较多；反之，人员便可减少。快餐厨房由于供应菜式固定、品种有限，因此，厨房人员比零点或宴会厨房少。

4. 员工的技术水准

厨房员工技术全面、稳定，操作熟练，工作效率高，就可少配；厨房员工大多为新手，或不熟悉厨房产品规格标准，或配合缺乏默契，工作效率低，就要多配。

5. 餐厅营业时间

餐厅营业时间的长短和生产人员的配备数量也有很大关系。有些饭店的某些餐厅除一日三餐外，还要经营夜宵、负责饭店住客 18 小时或 24 小时的客房用餐，甚至还要承担外卖产品的服务。随着营业时间的延长，厨房的班次就要增加，人员就要多配。若厨房仅开午、晚两餐，人员则可相对少配。

二、确定厨房人员数量的方法

厨房人员数量可以先测算，然后再进行综合确定。确定了人员的数量，在日常工作中再加以考察，并进行适当调整，以确保科学用工。确定厨房人员数量的方法如下。

1. 按比例确定

国外餐饮企业一般每 30~50 个餐位配备 1 名厨房生产人员，国内餐饮企业一般是每 15 个餐位配 1 名厨房生产人员。规模小或规格高的特色餐饮企业甚至每 7~8 个餐位就配 1 名厨房生产人员。中西方厨房员工配比有较大悬殊，主要原因是产品结构、品种、规格、生产制作的繁简程度和购进原料的加工程度，以及设备、设施的配套使用等情况不同。按餐位比例确定厨房人员数量在落实到具体餐饮企业时会出现数字出入较大的情况，这里有一个重要原因是餐厅的性质及使用率问题。例如，有的餐饮企业有规模很大而使用效率并不高的多功能厅，若将多功能厅的餐位完全统计并按餐位配比全额配员，则大多数情况下厨房员工是明显过剩的。粤菜厨房内部及相关岗位员工配备比例一般为 1 个炉头配备 7 名生产人员。例如，某粤菜厨房有 2 个炉头，相应要配备 2 个打荷、1 个上杂、2 个铁板、1 个水台、1 个洗碗、1 个择菜煮饭、2 个走楼梯、2 个插班，共 14 人。如果炉头数在 6 个以上，应设专职大案。其他菜系厨房的炉灶与其他岗位人员的比例多为 1 ∶ 4，点心与冷菜工种人员的比例为 1 ∶ 1。这些均可作为参考。

2. 按工作量确定

对于规模、生产品种确定的厨房而言，可以全面分解测算每天所有加工生产制作过程所需要的时间，累积起来即为完成当天厨房所有生产任务的总时间（以小时计），再乘以一名员工轮休和病休等缺勤系数，除以每名员工规定的日工作时间，便能得出厨房生产人员的数量。公式为：

总时间 ×（1+10%）÷8= 厨房员工数

3. 按岗位描述确定

根据厨房规模设置厨房各工种岗位，将厨房所有工作任务分解至各岗位，对每个岗位工作任务进行满负荷界定，进而确定各工种、岗位完成相应任务所需要的人员数量，就可汇总出厨房用工数量。综合型饭店的客房用餐厨房大多用这种方式确定员工数量。

三、厨房岗位人员的选择

将厨房员工分配至各自适合的岗位，不仅是人事部门的重要工作，更是厨房管理人员的重要工作。厨房管理人员比人事部门更清楚某个岗位需要配备什么样的员工，而人事部门提供员工的背景材料和对其进行岗位培训等也是必不可少的。因此，人事部门与厨房之间通过协调与配合，共同确定厨房岗位人员的选择与安排，是十分必要的。

在对厨房岗位人员进行选择和组合时，要做到以下两点。

1. 量才使用，因岗设人

在对厨房岗位人员进行选配时，首先要考虑各岗位人员的素质，即岗位任职条件，任用的人要能胜任、履行其岗位职责。厨房管理人员要在认真细致地了解员工特长的基础上，尽可能照顾员工的爱好，让其有发挥聪明才智、施展才华的舞台，要力戒照顾关系、情面，因人设岗，否则，会给厨房生产和管理埋下隐患。

2. 不断优化岗位组合

厨房人员分岗到位以后，其岗位并非一成不变。在厨房生产过程中，厨房管理人员可能会发现一些学非所用、用非所长的员工，或者会暴露一些班组群体搭配欠佳、团体协作精神缺乏等问题，长此以往不仅会影响员工工作情绪和效率，还可能形成不良风气，妨碍管理。因此，优化厨房岗位组合是必需的，但必须兼顾各岗位，尤其是主要技术岗位工作的相对稳定性和连贯性。优化岗位组合的依据是系统、公平、公正的考核和评估。在形成动态平衡的风气之后，员工的责任感和自律、自觉、创新意识都会加强。

四、厨师长的遴选

厨师长是至关重要的管理者，是厨房产品风格、结构的设计者，是厨房各项制度规定的决定者。因此，厨师长选配是否得当，直接关系到厨房运转与管理的成败，直接影响到厨房产品质量的优劣和餐饮企业经营效益的高低。

厨师长的自身素质是厨师长工作能力和工作作风的基础，因此，遴选厨师长必须对其素质提出要求，并进行全面考察。一名优秀的厨师长应具备以下素质。

1. 基本素质

厨师长的基本素质主要是指担任厨师长必须达到的思想、身体等方面的要求。

（1）必须具备良好的思想品德，作风正派，严于律己，品德高尚，有较强的事业心，忠于企业，热爱本职工作。

（2）必须有良好的身体素质和心理素质，对业务精益求精，善于和人打交道，工作既有原则性也不失灵活性。

（3）必须有开拓创新精神，具有竞争和夺标意识，善于学习，思想开放，有把握和引导潮流的勇气和能力。

2. 专业知识

厨师长既是厨房的行政管理者，同时又是厨房的技术权威，必须具备必要的菜点、烹饪及相关专业知识。

（1）熟悉中、西菜系的特点和名菜名点，掌握其质量标准，熟知原材料的产地、产季和性能特点。

（2）熟知中、西菜点的基本烹调方法、加工生产步骤和关键，善于鉴别菜点的品质和口味，熟悉现代厨房设备的性能、结构和特点。

（3）熟知各类原料的营养成分，懂得食品营养的搭配与组合，知晓常见疾病的饮食禁忌，掌握食物中毒的预防和食品卫生知识。

（4）懂得色彩搭配及食物造型艺术，具有基本的美学鉴赏能力。

（5）具有大专以上文化程度，了解主要客源国、地区顾客的风俗习惯、宗教信仰、民族礼仪和饮食宜忌，具有一定的语言表达能力。

（6）具有查看、分析有关财务报表的能力，熟知成本核算及控制的程序和方法。

3. 管理能力

厨房管理有其特殊性和复杂性，厨师长具有基本管理能力和经验是有效实施针对性厨房管理的基础。

（1）能确定并坚持始终一贯的工作标准，善于制订厨房各项工作计划并通过行之有效的手段使其顺利实施。

（2）懂得培养、使用、选拔、推荐人才。具有号召力，并能区别不同层次、级别员工的个性特点，进行有效的沟通激励，培养、发挥良好的团队精神。

（3）能及时发现、把握有实用价值的信息，开发新的厨房产品，同时不断更新、突破自我。

（4）善于发挥信息传递渠道的作用，改进厨房各工种、岗位之间，以及与原料采购、仓库保管部门之间的关系，调动各方面力量，不断完善管理，提高出品质量。

（5）理解下属，能发挥一班之长的作用，善于团结、带动一班人，借助整个厨房组织系统，靠集体的智慧和力量，做好厨房各项工作。

（6）善于发现问题，针对薄弱环节和需要设计培训主题，具有引导、培训、激发下属积极向上、不断进取的能力和技巧。

（7）善于以诚恳的态度听取下属意见，在错综复杂的矛盾中抓住主要矛盾，对紧急事件有果断、从容的应变和处理能力。

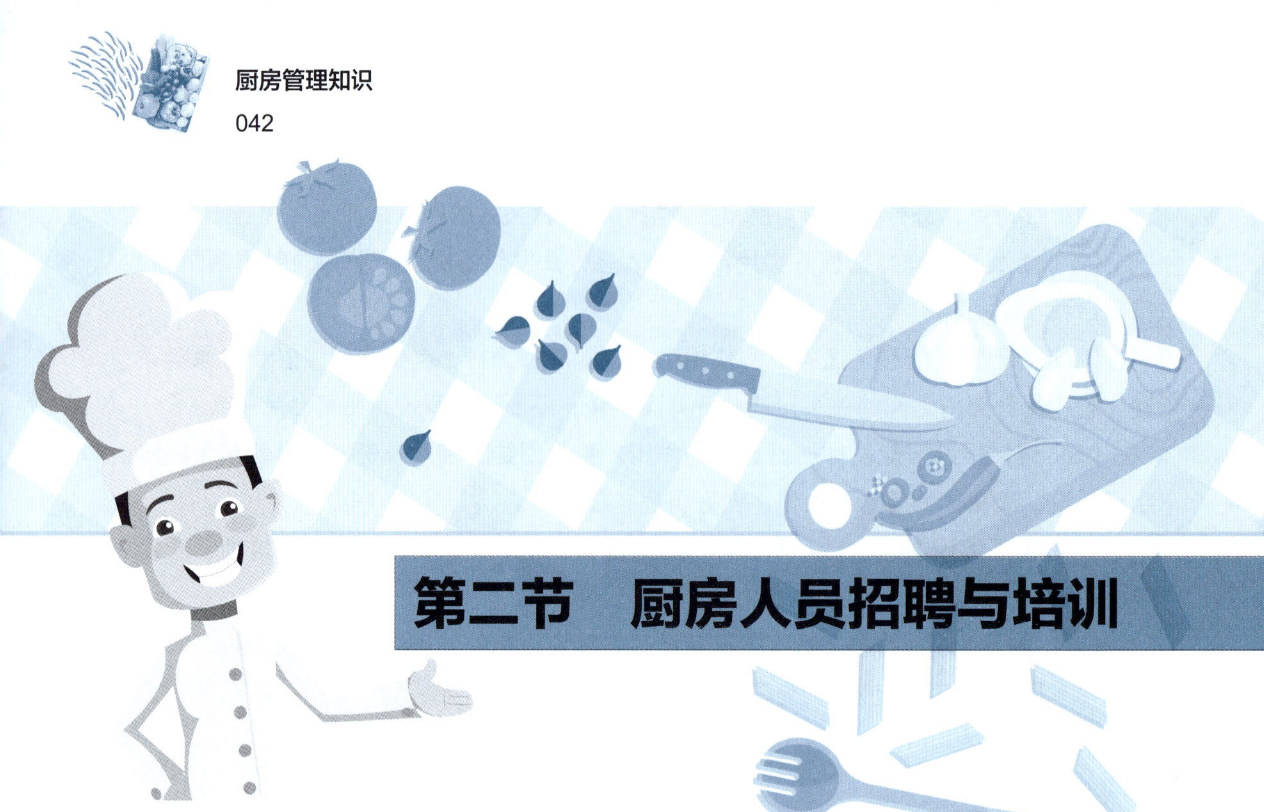

第二节　厨房人员招聘与培训

新开业的餐饮企业会大量而系统地招聘厨房人员。已开业经营的餐饮企业，随着餐饮生产和销售规模的扩大，也需要招聘、补充厨房人员。招聘厨房人员是长期、经常性的工作。现代厨房管理要求应聘者具有内在、外表、技能、知识等多方面的良好素质，确保应聘者能够很快胜任厨房工作，并为提高菜点质量、改进厨房管理做出积极贡献。

一、厨房员工招聘来源与渠道

厨房员工招聘可以面向本企业内部，也可以广泛面向社会，两者各有利弊。

1. 招聘在职员工的亲属、朋友

厨房招聘在职人员的亲属或朋友有好处也有坏处。好处是在职人员了解本企业厨房工作的要求，并知道厨房工作情况。假如在职员工对工作环境的印象好，可能成为“出色的推销员”，与在职人员保持联系的这些人可能会成为理想的候选人。坏处是几位亲属或朋友在同一家企业、同一个厨房工作，会给管理增加难度。

2. 从在职员工中提拔

厨房管理人员可在厨房内部制订职业阶梯、职业生涯计划，经过培训的优秀员工可以逐步担任更加重要的职务。优秀的员工是不容易找到的，因此，要通过向员工提供晋升的机会鼓励其留在本厨房。例如，根据职业阶梯计划，可以提拔一名初加工人员担任切配厨师助手，然后经过培训和一段时间的工作，再提拔其担任厨师。另外，也可以进行横向调动，从厨房的一个工种调到另一个工种或者另一个厨房。对员工进行内部提拔或调动的好处是能提高员工士气，鼓励在职员工更好地工作，以期能有机会晋升。由于有晋升的可能，员工关爱企业、积极工作的意识也会增强。

3. 其他来源

餐饮企业可以在报纸上刊登广告，也可以通过各类职业介绍所发现求职者，还可以通过网络招聘厨房员工。通过这些渠道招聘的员工可以从最基层的工作做起，同时要加强上岗期间的磨合和适应期的跟踪指导。另外，餐饮企业还可以从职业院校相关专业毕业生中招聘厨房员工。

二、厨房员工招聘程序

厨房员工招聘大致可按初试、填写求职申请表、面谈、测验、履历审查、体检、录用等步骤进行，具体包括以下几个环节。一是审验应聘条件，包括文化水平、年龄、身体素质、身高等，不同工种要求不同；二是报名面试，包括填写求职申请表，人事主管部门审验其身份证、学历证明、个人简历及相应工作证的原件，确定面试日期并通知相关人员；三是录用，由相关领导决定并签字确认，根据岗位要求分配任务；四是员工入职，收到入职通知者，到人力资源部门办理入职手续。

三、厨房员工培训原则

厨房员工培训无论是对新员工还是对老员工都很重要。厨房管理方式、管理手段、菜肴点心制作技巧的创新都需要培训。厨房可以利用培训向员工传授新的工作技巧，扩大员工的知识面，改变其工作态度。厨房人员没有经过良好培训，不仅会增加厨房的开支，而且还会造成顾客的不满。因此，培训既是餐饮企业的客观需要，同时也是员工的内在需求。厨房培训可以传授菜点知识和操作技巧，也可以帮助员工改进工作态度。一般来说，厨房培训人员往往对培训效果起着十分重要的作用。

1. 厨房培训人员要求

厨房培训人员不仅需要具备特有的专业知识、技能，而且还应该掌握相应的培训技能、技巧。

（1）厨房培训人员必须有教的愿望。乐于帮助、指导他人的厨师一般都喜欢从事培训工作；反之，技术保守，视手艺为私有的厨师则不宜做厨房培训。

（2）尽管厨房培训人员不必是厨房每个工种的权威，但对要培训的部分业务必须能做讲解与示范，如培训食品雕刻，厨房培训人员必须擅长食品雕刻，并具有这方面较全面的理论和操作技能。

（3）厨房培训人员要具有沟通能力，能够与受训人员进行有效的沟通。如果厨房培训人员的语言表达或示范手势无法使受训人员理解，其培训效果会大打折扣。

（4）厨房培训人员要有热情和耐心，对刚开始从事烹饪工作或刚进入厨房工作的新人尤其如此。

（5）厨房培训人员要有较强的时间观念，培训课开始时间不能推迟，下课也应准时。

（6）教、学双方应互相尊重，防止同行相轻。

2. 培训的原则

在对厨房员工进行培训时必须注意以下几项：

（1）学习的愿望

厨师往往是在其认为有必要学习新技术、获得更多知识时才会接受培训。大多数厨师讲求实际，想知道培训对其到底有多大好处。因此，在培训初期，厨房培训人员应该大力宣传培训的必要性，充分调动受训人员的学习愿望和热情，这也是初期培训活动的一部分。

（2）边学边干

厨师是以手工操作为主的，所以需要边学边干，主动学习（学员参与培训、互动式培训）肯定比被动学习（听、记等）效果好。另外，培训要集中解决实际问题，让受训厨师看到教给他们的知识技巧可以运用到实际工作中去。因此，厨师的技能培训应尽可能围绕解决某些菜点质量问题或改进生产流程、工艺等问题进行。

（3）以往经历的影响

参加培训的厨师有不同的经历，培训要尽量与其经历结合起来。由有经验的厨房管理者或厨师现身说法，培训的效果往往较好。另外，受训人员在一个模拟工作岗位的学习环境中受训，学习效果会更好，因此，厨师培训的课堂应尽量选择在看得见原料、摸得着设备、直观可操作的烹饪教室或厨房。同时还要注意，培训人员应该把受训员工看成是同行加同事，不应该视其为下级或学徒。

（4）培训方法

采用各种不同的培训方法可以使培训变得生动形象、效果明显，即使是纯理论课培训，也应尽可能多举案例。培训的重点应放在引导而不是评分。受训人员希望了解其现在做得怎样，更需要了解其学习方法是否正确，以及是否理解了培训人员传授给他们的知识和技巧。进行厨师培训时，有条件的要让受训人员充分参与操作练习，培训人员从中发现问题，及时予以纠正，培训效果更佳。

进行厨房员工培训时，除了要遵循上述几项，还应注意以下要点：

1）一次培训活动的时间不应超出受训人员的注意力集中限度，必要时可安排几次休息。

2）受训人员的培训效果是不一致的，培训人员要有足够的耐心，要给那些效率低、不太容易掌握要领的人提供更多的机会，需要时不妨开些“小灶”。

3）培训的开始阶段不要过分强调提高培训速度，而要讲求培训效果。培训中强调的重点要反复讲、反复练。

4）在将一项工作、一道菜点制作过程分解成几个步骤之前，必须完整地示范一次，让受训人员有一个总体感受后，再分步骤培训。

5）受训人员应该知道培训要达到什么要求，培训人员有责任让受训人员通过培训取得明显的进步。受训人员应该有机会评估自己的学习效果，看是否达到了预期的要求。

四、厨房员工培训程序

培训工作是厨房管理的重要内容之一。通过培训可以解决厨房内部若干问题，但也不是所有的问题都能通过培训得到彻底解决，要根据具体情况分析问题产生的原因。如果问题的根源不是工作条件或其他方面，而是缺乏培训，那么培训就是解决问题唯一有效的手段。培训不但可以解决经营管理中的问题，还可以帮助厨房新员工掌握规定的工作技巧或者指导老员工学习新的工作程序。厨房培训应该按下列步骤进行。

1. 确定培训需求，考虑费用投入

如果管理中发现一些与工作有关的带有普遍性的问题，诸如顾客不满、原料浪费大、出菜速度慢、厨房效率低、员工牢骚很多或者发生事故等，那么，这时进行培训就相当必要。厨师长只要对顾客和员工的不满稍加观察和分析，对营业水平的波动做一下研究，并通过检查或员工和餐厅及其他人的反馈，就能确定是否需要对员工进行培训。确定以后，就要分清主次，找出最迫切需要培训的项目，放在培训的首位。考虑培训计划时，费用是一个重要因素。通过培训，员工存在的问题应该明显减少，感到培训确实很有必要。在确定培训主次的时候，厨师长不仅要考虑培训开支的多少，还要考虑如果不进行培训造成损失的大小。

2. 确定培训目标

为了能评估培训的效果，在培训开始前，培训人员必须了解员工的工作水准。如果通过培训，员工的工作比培训前更接近要求，那就可以判定培训是确有成效的。

一旦做出了培训决定，就要确定总的培训目标。厨房培训要着眼于提高实际工作能力，而不只是为了了解一些知识。厨房培训应明确地规定受训者经过培训必须学会做哪些工作和达到什么要求。

3. 选择受训人员，规定预期要求

无论对厨房新员工还是老员工都要进行培训。新员工开始工作时，厨房管理人员要经常教给其有关工作的技巧和知识，以及本厨房生产、劳动的相关程序和标准。对老员工来说，随着新菜单的推出和工作程序的改变，也需要培训或重新调整。不少员工工作没做好并不是不想把工作做好，而是不知道应该做些什么，如何去做，以及为什么要这样做。厨房管理人员应该挑选那些通过培训可以得到提高的员工作为培训的对象。选定了受训人员，还要规定员工受训后应达到的标准。这些标准是指员工在培训的各个阶段要达到的技术水准，应该很具体明确。

4. 制订培训计划

有了具体的培训目标，就可以制订培训计划。各项技巧培训必须按照培训教学的逻辑顺序合理安排，所用原料必须准备好、配备齐，凡是工作需要改进的方面都要进行培训，要制订培训计划并确定授课安排，每个培训计划应列明要开展的活动，每次活动都要与培训计划中的具体目标相对应。培训计划实际上是对培训工作所有方面的概括。有了培训计划就可以做出授课安排，简要说明每一堂课有哪些教学活动，然后再确定受训人员要达到什么样的标准，要做哪些具体事情。

制订培训计划的同时，应选择好培训方式。可以根据培训内容分别选择小组培训、全员培训、理论培训、操作培训、研讨式培训、讲座式培训或示范观摩式培训等，也可以兼用几种方式。

5. 让受训人员做好准备

在参加实际培训之前，受训人员至少应对自己的工作现状有基本的了解，应知道自己想学什么。因此，厨房管理人员制订计划时听取员工的意见，会对培训有很大的帮助。厨房管理人员要保证员工有一定的时间参加各种培训活动，要尽可能少采用传统的忙里偷闲式培训。

6. 培训的实施

培训方式不同，实际做法也不一样。培训计划制订以后，有关各方要积极准备，保证人员、场地、时间等一切条件具备，并在培训负责人的主持下顺利实施培训。

7. 培训的评估

培训后需要进行评估，确定培训目的是否已经实现。可以从两方面对培训工作进行评估，即培训人员采用的培训方式和培训的实际效果（包括对受训人员的考核）。把这两方面的情况结合起来，就容易确定是否实现了培训目标。通过评估，厨师长也容易确定员工是否取得了进步。

第三节 厨房员工评估与激励

厨房员工评估是对厨房员工工作表现的检查和总结，是改进和提高员工工作业绩的前提。厨房员工激励则是厨房管理人员为了鼓励或感化员工去做必要的工作而做的努力。评估为激励员工提供依据，激励为提高员工工作积极性和工作效率创造条件。

一、厨房员工评估的作用

厨房员工评估是厨房系统管理尤其是人力资源管理中不可缺少的组成部分。其必要性和作用主要有以下几方面。

1. 员工个人得到肯定

对厨房员工进行评估有助于员工本人得到肯定。评估时管理人员把注意力集中在员工身上，并给员工对如何进一步做好工作发表意见的机会。因此，评估工作为管理人员听取、采纳员工的意见提供了一条途径。

2. 找出员工的长处和弱点

工作表现评估有助于找出厨房员工的长处和弱点。当评估人员发现员工的长处时，可以对其进行嘉奖，这是激发员工个人奋斗、增强个人信心的方法。同时，通过评估找出员工的弱点，可以由此着手帮助其改进工作。

3. 报告员工的进展情况

评估有助于厨房员工了解其在工作岗位的发展、进步情况，也有助于厨房管理人员发现工作中的得失，以及检查餐饮企业的经营目标达成情况。

4. 为培训和帮助员工提供依据

工作表现评估为在工作中遇到问题的员工提供了培训和帮助的依据。比如，厨房管理人员在评估中发现一些厨师对新推出的宫廷菜的口味还把握不好，这就意味着需要进行集中培训。

5. 为决定员工工资提供依据

工作表现评估为决定厨房员工工资提供了依据。当工资与工作表现挂钩时，对员工的评估就可为决定其工资提供重要的依据。工资的调整既要关注资历，更要强调工作表现。

6. 为调整员工工作提供依据

评估工作做得好，就可以为调整厨房员工的工作提供正当的理由和依据，为厨房人力资源的优化组合、实现厨房员工的动态平衡创造条件。员工在评估中体现出的才能可以成为决定提拔、调动或向其他主要岗位变动的重要因素。若员工工作表现一直不佳，则可以以此为依据降职、解聘或调到其他相应岗位工作。厨房管理者必须力求以客观的态度评估员工的能力、表现，并据此制订进一步加强对员工工作指导的计划。

7. 改进管理工作

当厨房管理人员与厨房员工接触并讨论其长处和弱点时，应该考虑发现的问题与其管理方式和具体做法有何关联，并据此改进管理工作。

二、厨房员工评估的方法与步骤

有多种方法可以对厨房员工进行评估，具体选择何种方法应视厨房管理的实际状况而定。厨房员工评估的步骤同样应该视具体情况而定。

1. 厨房员工评估方法

厨房员工评估的方法有的比较复杂，有的相对简单，既可采取一种方法，也可几种方法结合进行。

（1）比较法

所谓比较法，就是将厨房员工进行比较，以确定其评价，包括简单排队法、硬性分配法等。采用简单排队法时，评估人员按工作表现优劣对厨房员工进行排队，这一过程比较主观。采用硬性分配法时，评估人员可以把员工划分为几个等级，每个等级限定一定的人数。

（2）绝对标准法

绝对标准法即厨房管理人员不用将待评定的厨房员工与其他人员比较，而是直接对每位员工做出评估的方法。一般来说，可以通过 4 种常用的方法把绝对标准结合到评估过程中。

1）要事记录法。采用要事记录法时，厨师长或负责评估的其他管理人员把厨师工作中发生的好及不好的事情像写日记一样记录下来（见表 3–1），这些事情经过汇总后就能反映厨师的全面表现，据此可以对每位厨师进行评估。

表 3–1　　要事记录法评估表（样）

说明：根据下列各项填写厨师好和不好的工作事例

员工姓名＿＿＿＿＿

项目	日期	观察到的事例
遵从上级指导		
出品质量		
上下道工序协调		

厨师长签名＿＿＿＿＿　　日期＿＿＿＿＿

2）打分检查法。由厨房管理人员或其他熟知厨师工作并有一定威望的人制定评估表（见表 3–2）中的项目，对厨师的每项工作进行打分，根据分数的高低判断厨师工作的优劣。

表 3–2　　打分检查法评估表（样）

说明：适用于对员工本人的每一项工作进行检查并打分

员工姓名＿＿＿＿＿

（如适用请打“√”）	项目	得分
＿＿＿＿＿	1. 工作结束时关闭能源、门窗	2.0
＿＿＿＿＿	2. 保持工作岗位清洁	1.5
＿＿＿＿＿	3. 菜点主、配料配备齐全	1.5

厨师长签名＿＿＿＿＿　　日期＿＿＿＿＿

3）硬性选择法。工作的优劣可以从多方面反映出来，硬性选择法要求评估人员对厨师在不同方面的表现分别选择一个最合适的评价（见表 3–3）。

4）正指标法。把厨师的各项工作和工作表现进行量化，用数字直接表示出来，统计数字便是评估依据。

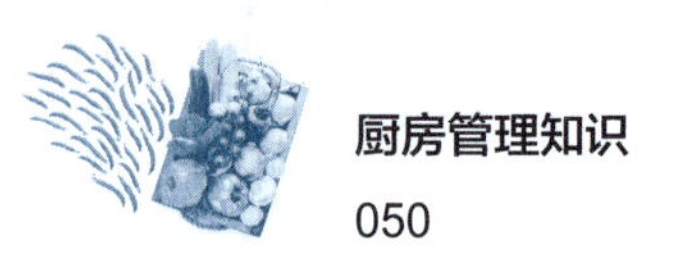

表 3-3 硬性选择法评估表（样）

说明：对衡量厨师工作优劣的各个因素进行选择

员工姓名__________

衡量因素	工作表现			
	优	良	中	差
工作知识	掌握工作的所有知识	几乎掌握工作的所有知识	掌握工作的基本知识	掌握工作的部分基本知识
工作质量	完全符合要求，并且有条理	很少出差错	一般能符合要求	经常不符合要求

（3）工作岗位说明书与工作表现评估

工作岗位说明书（岗位职责）不仅适用于厨房的招工、招聘阶段，而且对厨师的培训工作和评估工作也都很有用。根据工作岗位说明书所规定的各项工作指标对厨师进行培训，可以确保其每项工作都能达到工作标准。工作表现评估侧重于所做工作的质量，工作岗位说明书自然就成为进行评估的依据。

（4）员工工作表现全面评估

厨房员工工作表现的全面评估可以通过表 3-4 逐项进行。另外，还应配合建立业务技术考核制度，对厨师进行业务技能考核，以检查、评估厨师的实际操作能力，通过操作和理论的双重评估，建立全面、系统、实事求是的业务档案，这样一来，可以及时、客观、发展地反映厨房员工的表现和业绩，为随时掌握员工的状态提供可靠依据。

表 3-4 厨房人员工作表现评估表（样）

员工： 日期：

序号	评估内容	评估结果
工作效率、质量		好 中 差
01	技术熟练程度	□ □ □
02	工作效率	□ □ □
03	工作责任心	□ □ □
04	出品及时，不妨碍下道工序操作	□ □ □
05	成品达标	□ □ □
06	主动传授或学习技艺	□ □ □
厨师长评语		
员工意见		

续表

序号	评估内容	评估结果
劳动纪律		好　中　差
07	服从领导	□　□　□
08	按时上下班，不迟到早退	□　□　□
09	团结合作	□　□　□
厨师长评语		
员工意见		
卫生、爱惜物料		好　中　差
10	注意个人卫生	□　□　□
11	保持工作岗位清洁	□　□　□
12	爱惜物料、调料	□　□　□
13	维护保养工具、设备	□　□　□
14	注意个人仪容举止	□　□　□
厨师长评语		
员工意见		
重大贡献与失误		
员工发展计划	该员工是否愿意担任别的职务 / 从事别的工作（调动或提升）？	
	该员工需学习何种知识或技能才能胜任此项工作?	
	其他意见	

总厨师长：__________　　主管：__________　　员工：__________

注：好——工作质量和数量符合岗位要求，工作扎实、积极、质量好，员工明显胜任现职并在个人发展方面正稳步提高。中——工作质量和数量不符合岗位要求，许多工作需要改进，员工可留在原岗位改进工作。差——工作质量和数量不符合基本要求，员工不能留在原岗位，除非其工作面貌迅速发生很大的变化，需要采取具体的纠正措施。

2. 厨房员工评估工作步骤

（1）确定评估工作目标。对厨房员工进行工作评估的目的是改进厨师的工作表现，并找出员工人际关系中的一些关键问题。每次评估都应该有明确、具体的目标。

（2）确定采用的评估手段和方法。

（3）确定实施评估者。一般由基层厨师长评估员工，员工的直接领班或头炉、头砧也应该负责这项工作，至少要参与这项工作。

（4）确定评估的周期。厨师综合性的正规评估应至少每年进行一次，新员工可适当多进行几次。半年一次的评估可以安排在 7 月和 12 月，结合员工技术考核进行，评估时间应选择在生产业务不是太繁忙的时候。

（5）制定员工参与评估的方法。要给员工尽可能多的机会参与评估，允许员工对评估人员的意见发表自己的看法，并做出解释。要让厨师帮助制定下一阶段评估的目标，以及对评估的工作环境因素发表意见或提出建议。

（6）制定申诉方法。倘若员工感到评估工作不公平，应允许员工向总厨师长或上一级管理部门提出申诉。

（7）制定后续措施。工作表现评估结束后，习惯的做法是进行一些临时性跟踪观察工作。

（8）把评估结果告诉员工。员工希望了解工作中的哪些方面会对其有影响，因而对评估结果非常关心。评估结果实施细节应向所有员工公开，尤其对新员工更应注意这些。

（9）采用有效的谈话技巧。厨房管理人员在进行评估时必须与员工交换意见，因而必须训练和掌握一定的语言沟通技巧和谈话技巧。

评估中的重点应该放在双向沟通上。这种沟通可以使厨房管理人员在帮助员工改进工作和具体行动计划等方面取得一致的意见。评估结束后，厨房管理人员必须按照要求填写书面材料。此书面材料和厨师业务档案是决定岗位工资时的参考文件。

3. 厨房员工评估的问题与防范

厨房员工评估工作既不能过多过繁，也不能草草了事走过场。否则，评估工作不仅不能发挥积极作用，而且还浪费人力、物力、时间。评估工作中通常会出现以下问题：

（1）采用作用不大的评估表

若各种评估表不侧重工作表现而强调个人才能，就可能造成评估中出现各种问题，但仅仅把评估当成是检查的一种方式也是不恰当的。

（2）缺乏从事评估工作的组织能力

如果评估人员和厨师长缺乏周密地制订和实施员工评估计划的知识和技巧，采取的评估步骤很零乱，评估效果也就很差。

（3）不能定期或者经常性地进行评估

评估工作若不是定期或经常性地进行，就可能收获不大。厨师长应该不断思考如何改进员工的工作。

（4）害怕得罪员工

一些评估人员担心由于告诉了员工评估结果而得罪员工。这种想法是不可取的，因为管理人员的责任是为员工提供其需要的帮助，使其更好地工作，真诚地帮助员工改进工作。

（5）评估结束后未采取后续措施

要让评估中得到的各种资料发挥作用，就应进行后续管理。评估工作不能做完就弃于一边，到下次评估再说。其实可以在两次评估之间做跟踪监督、辅导等工作，促使员工不断改进工作。

三、厨房员工激励的基础

激励过程应确立目标，并尽可能使员工的目标与本企业及厨房的目标紧密结合起来，这样，会使员工认识到平凡劳动对厨房、对企业都是至关重要的。当员工在为企业做贡献时，不仅是在奉献，而且其自身价值、人生追求和物质需要也将在企业的发展中得到满足。

1. 厨房员工士气激励

厨房以厨师手工独立完成各项操作任务为主要工作。因此，培养一支自觉性强、士气高昂的厨房员工队伍是管理者的重要工作之一，也是保证厨房出品质量稳定的需要。所谓士气，是指员工对其工作岗位所有方面（要做的工作、领导和同事、厨房工作环境）的感情和反应。对下面几个问题的考查可以帮助管理者判断厨房员工士气的高低：

（1）原材料、调料是否有过多的浪费？是否存在较大程度的技术控制问题（如菜点质量、出品速度等）？

（2）员工的不满和牢骚是否较多？是否频繁发生事故？人员流动率是否较高？是否经常有旷工现象？

（3）员工是否普遍缺乏合作（尤其是加工与切配、切配与炉灶之间）？

（4）员工是否对管理人员不尊重或者对厨房不关心？

如果对以上每个问题以及类似问题的回答是肯定的，那么，厨房管理人员应该意识到可能是士气方面出现了问题。高昂的士气对厨房生产有诸多好处，可以降低人员流动率、减少旷工以及事故等现象的发生。当员工希望实现的目标与企业及厨房要实现的目标一致时，员工会对自己的工作产生兴趣，并千方百计地要做好，同时，员工也更愿意与厨房管理人员合作实现自己的目标；反之，员工士气低，实际需求与企业

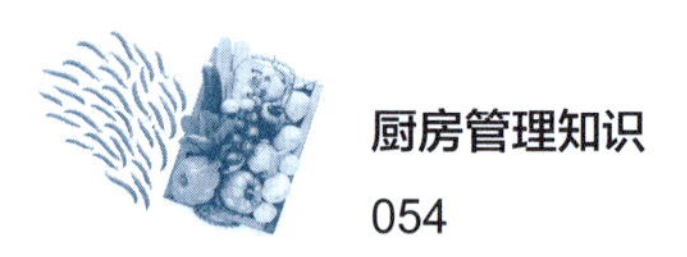

的总目标相抵触，就会产生逆反心理，就可能发生怠工、停工等现象。事实上，厨房管理人员可以采用很多方法造就一批士气高昂的员工队伍，其中最重要的手段便是激励。

2. 厨房员工需求分析

为了使厨师产生高昂的士气，厨房管理人员必须了解厨师的期望和需求（目标）。管理人员在分配工作和进行督导时，应尽量关心厨师个人的诉求。厨师工作以外的一些问题管理人员难以控制，而厨师会把个人目标和个人关心的问题带到工作中来，这就需要厨房管理人员逐步去了解他们。厨房员工的需求可以归纳为以下几方面：

（1）在与其相关的事务中，厨房的管理政策公平并有连贯性。

（2）管理人员值得尊敬和信任。

（3）与领导、下属和同事关系融洽，工资和工作条件较理想。

（4）享有各种社会保险。

（5）拥有较理想的职位。

（6）从事挑战性的工作（尤其是对年轻厨师）。

（7）从事能产生个人成就感的工作。

（8）通过良好的工作表现能获得肯定和赞赏。

（9）工作中有进修提高以及晋升的机会。

（10）自己在企业中有地位感和成就感。

（11）有参与与员工有关的工作事务的机会（资深的厨师更为关心）。

四、厨房员工激励的原则与方法

依据厨房员工的需求，遵循激励的原则，制定相应的措施，激励将更加行之有效。

1. 厨房员工激励的原则

（1）被激励的人（厨房员工）有明确的目标，而且这些目标必须与企业及厨房的目标相一致（员工目标的建立有时也需要厨房管理人员的引导）。

（2）激励的方式要多样化，激励的程度也要有区别。

（3）企业及餐饮部经理与厨房各级管理人员要为激励提供指导。

（4）随着厨房及餐饮规模的扩大、规格的提高，激励的方式、方向也要改变。

（5）激励工作要取得成效，厨房管理人员与员工必须互相尊重、互相信任。厨房管理人员只有真正尊重员工权利，并承认其自我管理能力，才能成为一名好的激励者。

（6）尽可能让普通厨师参与有关事情的讨论和决策。

（7）适当和及时的表扬可激励厨师加倍努力工作。

（8）要提高员工的士气，厨房管理人员应给予其工作所必需的权力，同时还需要让其承担必要的责任和义务。

2. 厨房员工激励的方法

厨房管理中，激励员工的方法多种多样，实践中使用较多的有以下几种：

（1）环境气氛激励

厨房员工是在一定的环境里进行生产工作的。厨房管理人员可以通过自身影响和努力，在厨房中营造一种能使员工感受到尊重和关怀、工作心情舒畅、同事之间和睦相处的小环境。在这样的氛围里，员工热爱集体，关心同事，有困难大家相助，有意见坦诚交流，自觉为集体利益、集体形象和荣誉增光添彩。反之，员工在一个充满矛盾的环境中工作，不仅生产质量难以保持稳定，而且人才流失也是不可避免的，这样企业效益必然受到影响。例如，广州某五星级酒店把培养一支敬业、乐业、高素质的员工队伍作为全部工作任务的着眼点，提出“员工第一”的口号，突出“以人为本”，确定每月 8 日为“员工日”。这一天，总经理和所有的部门经理都穿上厨师工作服，深入员工餐厅为员工服务。该酒店还规定每周一全部高、中级管理人员都与普通员工一起就餐，进一步听取员工的意见。管理人员与员工，尤其是管理人员与厨师关系融洽，厨师关心企业风气浓厚，企业餐饮生产和经营充满活力，效益连年上升。

（2）目标理想激励

目标理想激励是国内近年来盛行的一种管理方法。它要求根据餐饮企业长、中、近期目标，由各部门制订具体目标、计划，各层次、各工种和各岗位员工可根据部门目标制定每个人的工作目标。这种管理方法使每名员工都清楚地知道自己的岗位职责，以及近期任务内容、进度、工作量等具体要求，激发员工竞争动力，鼓舞员工主动克服困难，实现岗位目标，认识到自我的价值。在厨房管理中，目标理想激励将厨房要实现的目标与厨师个人努力目标有机结合起来，鼓励员工在各自的岗位上为实现集体大目标和个人小目标共同拼搏，共创佳绩。餐饮企业冲刺完成年度、季度经营目标计划，或完成重大、高规格接待任务期间，厨房员工在经过厨师长的介绍动员之后，一般都会全力以赴，献计献策，投入紧张、繁重的劳动中，为实现目标、获得集体和个人荣誉不懈地努力。厨房举办大型菜点展销活动，也能使员工的自豪感得到充分满足。因此，餐饮企业适时举办或有选择性地参与相关美食节、烹饪大赛等活动，不失为激励员工的有效之举。

（3）榜样激励

榜样的力量是无穷的。领导的以身作则、身边先进人物的敬业精神、同行业技术标兵的绝技展示，都能激励厨师做出不平凡的业绩。

企业里获得各种荣誉称号的员工每天都在有意无意地影响着周围的员工，他们身上的闪光之处往往能对周围员工起到导向作用。因此，树立和培育厨房里的业务骨干、技术精英，是厨房乃至整个餐饮企业的管理人员在日常管理中需要注重的一件事情。

无论是集体荣誉，还是个人先进，都能鼓舞、激励人们战胜困难，创造更佳的业绩。适时、适当地组织厨师参加相关机构组织的知识、技能、绝活比赛，为企业、组织、个人争得荣誉，将极大地激发、调动员工的积极性。餐饮企业内部适时组织举办各类健康、有益的活动，产生各项先进标兵，同样可以起到奖励先进、激励全体的效果。

（4）感情投资激励

不少餐饮企业厨房管理的实践表明，上下级之间感情融洽，气氛和谐，布置下去的任务便能顺利完成；员工关系不好，厨房风气不正，任务布置下去就可能执行走样；若是员工间矛盾突出、尖锐，布置下去的任务有可能还会遭顶撞、被卡壳。这并不说明厨房管理不需要纪律和指令，这恰恰说明，以手工劳作为主的厨房管理中，除了制度、规范管理，还需要重视和尊重员工，需要感情投资。比如：

当厨师或其家庭发生困难，遭遇不幸，餐饮企业管理人员、厨师长理应热情关心，争取条件帮员工解决一些具体困难。这样会使员工对集体、对领导萌生感激之情。

当厨房员工及其家庭欣逢吉庆喜事，倘能收到来自单位、领导恰当的祝贺，无疑会让员工感到兴奋。

当员工对环境、工作有怨愤情绪时，厨房管理人员应及时采取必要手段，使员工的积郁获得正确的疏导和合理的发泄。这样不仅能预防事态扩大和矛盾激化，还能增进双方的理解和感情。

（5）奖励和惩罚激励

精神的或物质的奖励和惩罚是一种有力有效的激励、管理手段。奖励的手段主要有口头、书面表扬，调换到关键或能发挥更大作用的岗位，提拔晋升，安排旅游、疗养，推荐外出学习、考察、深造，经济奖励等。

餐饮企业管理者、厨师长也可以利用管理权力对员工进行惩罚。

3. 厨房员工激励的技巧

除了上述激励方法之外，厨房管理中还可以运用一些技巧对员工实施激励。

（1）有效的沟通至少在某种程度上可以满足员工对归属感、认同感的要求。相反，沟通工作做得不好，非但达不到激励的目的，还会使问题变得更糟。

（2）不同的领导方式也会促进（或阻碍）激励工作。如果可能的话，可以重新修订工作岗位的要求，还可以采用工作转换、增加工作任务、丰富工作内容以及采取灵活的工作时间（员工可自己参与排班）等方法。

（3）从员工利益的角度来解释各种规章制度的必要性和合理性。

（4）管理人员换位思考，将自己置于员工的位置，发现其个人诉求，并研究如何在工作中使其诉求得到满足。看问题和做事情可以有多种方式，管理人员要努力支持、理解员工，提高其对工作的热情。

（5）管理人员可以运用处理人际关系的技巧，建立和保持良好的同事关系，积极听取员工的意见。

管理人员必须认识到，激励厨房员工可以有各种不同的方法，如果一种方法效果不好，可以再试另一种。

思考与练习

1. 确定厨房人员数量的要素有哪些？
2. 厨师长的素质要求有哪些？
3. 厨房员工培训原则有哪些？
4. 简述厨房员工评估的作用。
5. 简述厨房员工激励的原则。
6. 试根据确定厨房人员数量的方法进行中、小厨房岗位人员配备。
7. 试设计制订一份厨房员工培训工作计划。

第四章 厨房设计布局

学习目标

1. 了解影响厨房设计布局的因素。
2. 了解厨房环境设计的内容。
3. 掌握加工厨房设计布局的原则及要求。
4. 掌握中餐烹调、冷菜、烧烤厨房设计布局的要求。
5. 掌握餐厅烹饪操作台设计布局的要求。

厨房设计布局即根据餐饮企业经营需要，对厨房各功能所需面积进行分配，所需区域进行定位，进而对各区域、各岗位所需设备进行配置的统筹计划和安排。进行厨房设计布局时，一方面，要具体结合厨房各区域生产作业特点与功能，充分考虑需要配备的设备数量与规格，对厨房的面积进行分配，对各生产区域进行定位；另一方面，应依据科学合理、经济高效的原则，对厨房设备进行合理布局。

第一节　厨房设计布局的意义与原则

厨房设计布局的结果直接影响厨房的建设投资和生产出品的速度、质量。因此，对厨房进行设计布局必须充分研究，切实遵循相关原则。

一、厨房设计布局的意义

厨房设计布局对厨房生产规模和产品结构调整会产生长远的影响，对提升厨房员工的工作效率和保障厨房员工的身心健康也有不可估量的作用。

1. 决定厨房建设投资

厨房面积分配合理，设施、设备配备恰当，则厨房的投资费用就比较节省。反之，厨房面积过大，设备配备数量过多或功率过大，超过厨房生产需要，或片面追求设备先进、功能完备，都将无端增加厨房的建设投资。厨房面积过小，设备设施配备不足或能力不足，在生产和使用过程中，不仅需要追加投资以满足生产需要，而且还会影响正常生产和出品。

2. 满足厨房产品风格要求

不同菜系、不同风格、不同特色的餐饮产品对场地和设备用具的要求是不尽相同的。经营粤菜要配备广式炒炉；以销售炖品为主的厨房则要配备大量的煲仔炉；以经营比萨饼为特色的餐饮企业，厨房必须配备一定数量的烘烤设备。厨房设计布局为生产和提供特色餐饮创造了前提。所以，伴随餐饮市场行情的不断变化，餐饮企业将不断调整和完善厨房的设计布局。

3. 影响出品速度、质量

厨房设计流程合理，场地节省，设备配备先进，操作使用方便，厨师操作既省力又得心应手，出品质量和速度便有物质保障。反之，厨房设计间隔多，流程不畅，作业点分散，设备功能欠缺或返修率高，无疑将直接影响出品速度，妨碍出品质量。

4. 决定员工工作环境

良好的工作环境是厨房员工悉心工作的前提。要创设空气清新、安全舒适和操作方便的工作环境，关键在于从节约劳动、减轻员工劳动强度、关心员工身心健康和方便生产的角度出发，充分计算和考虑各种参数、因素，将厨房设计成先进合理、整齐舒适的工作场所。

5. 提供良好就餐环境

要给顾客提供清新高雅、舒适自如的就餐环境，就应将厨房设计成与餐厅有明显分隔和遮挡，且不能有噪声、气味和高温等影响的独立生产场所。此外，为顾客提供完整而有序的出品所必需的备餐服务，也应在厨房设计内统筹考虑。

二、厨房设计布局的原则

厨房在进行设计布局时，应在全面了解实际情况的基础上，充分尊重厨房生产客观规律，自觉遵守设计原则，严肃认真地做好每一项设计布局工作。

1. 保证工作流程连续顺畅

厨房生产从原料购进开始，经过加工和切配到烹调出品，是一项连续不断、循序渐进的工作。因此，在进行厨房设计时，应考虑所有作业点、岗位的安排和设备的摆放与生产、出品次序相吻合。同时，要注意厨房原料进货和领用路线、菜点烹制装配与出品路线，要避免交叉回流，特别要防止烹调出菜与收台、洗碟、入柜的交错，保证菜点的卫生安全。不仅要留足领料、清运垃圾的推车通道，而且要考虑大型餐饮活动时餐车、冷碟车的进出是否通畅。

2. 各部门力求相互靠近

厨房的不同加工作业点应集中紧凑，安排在同一楼层、同一区域。这样可以缩短原料、成品的搬运距离，提高工作效率，便于互相调剂原料和设备、用具，有利于垃圾的集中清运，减轻厨师的劳动强度，保证出品质量，减少顾客等餐时间，同时也更便于管理者的集中控制和督导。

此外，厨房与餐厅应力求靠近，这样前后台的联系和沟通就比较便利，出品的节奏、速度便于控制，产品质量容易达到规定要求。

3. 注重食品卫生、生产安全

厨房的设计布局必须考虑卫生和安全因素。要考虑设备的清洁工作是否方便，厨房的排污和垃圾清运是否流畅。进入厨房原料的存放、保管、加工生产过程的卫生必须引起足够重视，这是生产经营工作的前提。厨房原料的存放应有适宜的位置、仓库、货架及温湿条件。冷菜、熟食必须单独分隔存放，并配有空调降温、消毒杀菌等设施，保持其独立、凉爽的环境，还必须配备专供操作人员洗手消毒用的水池。拣择蔬菜等加工均不得直接在地面或店外露天进行，必须配备相应的工作台和室内空间。另外，厨房的防火防盗设施、工作人员的安全通道都应在设计布局时予以充分考虑。管道煤气表和控制阀应安放在明显且远离明火的位置。选用液化气、柴油等燃料的厨房更要分隔设计，将燃料安置在独立、安全、通风的场所。

4. 整合厨房资源，集中加热设备

应尽可能整合厨房资源，合并厨房的相同功能，如将点心、烧烤、冷菜厨房集中设置、集中生产制作，各出品厨房、各餐厅合理调配使用成品，可节省厨房场地和劳动力，减少设备投资。当然，首先必须保证烹饪出品及时，质量可靠，一味追求省、并、套则可能事与愿违。因此，在不同楼层设计与餐厅规模相适应的烹调厨房时，只需配备相应的烹调炉灶等必需设备，这是既经济又能保证出品质量的有效做法。

厨房使用加热设备最多的是烹调间。除此之外，点心间、冷菜间、烧烤间、卤水制作间也都需要一定数量的加热设备，如炉灶、蒸箱、烤箱等。厨房在设计布局时，应尽量将加热设备集中布局，以缩短加热源的延伸距离，减少投资和不安全因素。同时，由加热而产生的油、烟、蒸汽也便于集中设置排放设施，保证厨房环境清新。

5. 留有调整、发展余地

厨房设计布局不仅应考虑到餐饮企业中、长期发展规划和餐饮可能出现的新趋势，还应为调整和扩大经营以及今后企业的发展留有适当余地。此外，在选配设备的功能和确定厨房场地面积时要有适当的前瞻性。还需注意的是，设备的布局和安装要保留一定的空间，便于后续调整。

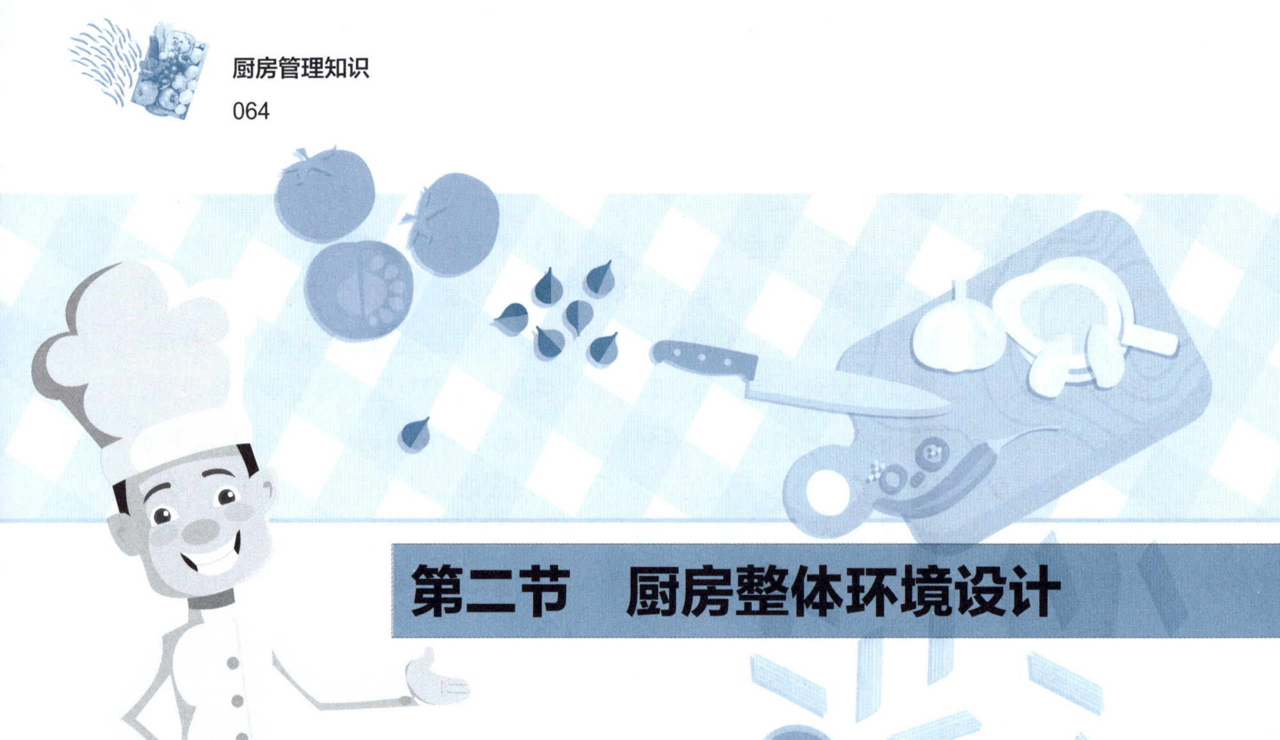

第二节　厨房整体环境设计

厨房整体环境设计是指根据厨房生产规模和生产风味的需要，充分考虑现有可利用的空间及相关条件，对厨房的面积进行确定，对厨房的生产环境进行设计，从而提出综合的设计布局方案。

一、厨房面积确定

厨房面积对顺利进行厨房生产是至关重要的，它影响到工作效率和工作质量。面积过小，会使厨房拥挤闷热，不仅影响工作速度，而且还会影响员工的工作情绪；面积过大，投资回报率低，而且员工工作时行走的路程就会增加，工作效率自然会降低。

1. 确定厨房面积的因素

（1）原料加工量的多少

餐饮企业使用的原料多为原始、未经加工的初级原料，原料购进后都需要进行进一步整理加工。因此，不仅加工工作量大，而且生产场地也要增大。尤其是以干货原料为主制作菜点的厨房，干货涨发间更要加大面积。

（2）经营菜式风味的不同

中餐和西餐厨房所需面积要求不一，西餐厨房相对要小些。同样是经营中餐，宫廷菜厨房就比粤菜厨房要大些，因为宫廷菜选用的干货原料占有很大比例，原料的加工、涨发不仅费时，而且占据空间大。同样是面点厨房，制作山西面食的厨房就要比制作粤点、淮扬点心的厨房大，因为山西面食的制作工艺要求有大锅、大炉与之配套才行。总之，经营菜式风味不一，厨房面积的大小也是有明显差别的。

（3）厨房生产量的多少

生产量是根据用餐人数确定的。用餐人数多，厨房的生产量就大，用具设备、员工等都要多，厨房面积也就要大些。然而用餐人数的多少又与餐厅服务对象、供餐方式（自助餐经营、零点或套餐经营）等有关。用餐人数常有变化，一般以常规经营餐位数量为依据。

（4）厨房设备的先进程度

先进设备可以提高工作效率，功能全面的设备还可以节省场地。例如，冷柜切配工作台集冷柜与工作台于一体，可节省不少厨房面积。厨房的空间利用率也与厨房面积大小很有关系。厨房高度足够，且方便安装吊柜等设备时，就可以配置高身设备或操作台，这样在平面用地上就有很大节省。

2. 厨房总体面积确定方法

（1）按餐位数计算厨房面积

按餐位数计算厨房面积要与餐厅经营方式结合进行。一般来说，厨房与供应自助餐的餐厅配套时，每一个餐位所需厨房面积为 0.5~0.7 平方米。咖啡厅、制作快餐的厨房由于出品要求快速，故供应品种相对较少，因此，每一个餐位所需厨房面积约为 0.4 平方米。风味餐厅、正餐厅厨房面积就要大一些，因为供应品种多，规格高，烹调、制作过程复杂，厨房设备多，所以每一个餐位所需厨房面积为 0.5~0.8 平方米。

（2）按餐厅面积计算厨房面积

就我国一般餐饮企业厨房而言，由于承担的加工任务重，制作工艺复杂，机械加工程度低，设备配套性不高，生产人手多，故厨房占餐厅的面积比例要大些，一般要占近 70%，但随着餐厅面积的增大，这个比例会逐渐减小。

（3）按餐饮总面积比例计算厨房面积

厨房面积在餐饮总面积中应有一个合适的比例，餐饮企业各部门的面积分配应做到相对合理。一般而言，厨房的生产面积占餐饮总面积的 21% 左右，厨房的仓库面积占餐饮总面积的 8% 左右。需要指出的是，这个比例是含员工设施、仓库等辅助设施的。在市场货源供应充足的情况下，厨房的仓库面积可相应缩小一些，生产面积可适当增大一些。

二、厨房环境设计

厨房环境设计主要指对厨房通风、采光、温度、湿度、地面、墙壁等厨师工作、厨房生产环境构成要素的相关设计。厨房环境设计得好，厨师会在清新舒适的环境内进行生产，心情舒畅，工作效率高，否则既影响菜点质量，又可能给安全生产带来隐患。

1. 厨房的高度

厨房高度一般应在 4 米左右。如果厨房的高度不够，会给厨房生产人员带来一种压抑感，也不利于通风透气，并容易导致厨房内温度增高。反之，厨房过高，会使建筑、装修、清扫、维修费用增大。依据人体工程学要求和厨房生产的经验，毛坯房的高度一般为 3.8~4.3 米。吊顶后厨房的净高度以 3.2~3.8 米为宜。

2. 厨房的顶部

厨房的顶部可采用防火、防潮、防滴水的石棉纤维或轻钢龙骨板材料进行吊顶处理，最好不要使用涂料。天花板也应力求平整，不应有裂缝。暴露的管道、电线容易积污积尘，甚至滋生蚊虫，不利于清洁卫生，要尽量遮盖。吊顶要考虑到排风设备的安装，并预留出适当的位置，防止重复劳动和材料浪费。

3. 厨房的地面

厨房的地面通常要求防滑、耐磨、耐重压、耐高温和耐腐蚀，其处理有别于一般建筑地面处理。厨房的地面应选用大、中、小三层碎石浇制而成，且基础要夯实。

厨房的地面还需在原有的基础上进行防水处理，否则易造成污水渗漏。现代厨房大多使用无釉防滑地砖、硬质丙烯酸砖和环氧树脂等材料。目前，餐饮企业厨房地面一般都选用耐磨、耐高温、耐腐蚀、不积水、不褪色、不湿滑又易于清扫的防滑地砖。厨房地面的颜色不能有强烈的对比色花纹，也不能过于鲜艳，否则，易使厨房人员感到烦躁、不安，也易产生疲劳感。

4. 厨房的通道

厨房的通道是保障厨房正常生产和物流通畅的重要条件。厨房通道不应有台阶，最小宽度见表 4–1。

表 4–1　　厨房通道最小宽度

	通道处所	最小宽度
工作走道	一人操作	700 毫米
	二人背向操作	1 500 毫米
通行走道	二人平行通过	1 200 毫米
	一人和一辆车并行通过	600 毫米加推车宽
多用走道	一人操作，背后过一人	1 200 毫米
	二人背向操作，中间过一人	1 800 毫米
	二人背向操作，中间过一辆推车	1 200 毫米加推车宽

5. 厨房的照明

厨房在生产时需要有充足的照明，特别是炉灶烹调，若光线不足，容易使员工产生疲乏劳累感，埋下安全隐患，降低生产质量。烹调区域内的灯光不仅要从烹调厨师正面射出，没有阴影，而且还要与餐厅的灯光保持一致，使厨师调制的菜点色泽与顾客看到的菜点色泽一样，一般不用荧光灯。

6. 厨房的噪声

噪声一般是指 80 分贝以上的强声。厨房噪声的来源有排烟机、电动机、风扇、炉灶鼓风机的响声，还有搅拌机、蒸汽箱等发出的声音。特别是在开餐高峰期，除了设备的噪声，还有人员的喊叫声。强烈的噪声不仅不利于身心健康，还容易使人性情烦躁，工作不踏实。降低厨房噪声的方法有以下几种：

（1）选用先进的厨房设备，减少噪声。

（2）选用石棉纤维吊顶，起到消声作用。

（3）隔开噪声区，封闭噪声。

（4）维护保养餐车、运货车，减少运作时发出的声音。

（5）厨房人员尽量注意控制音量。

（6）留足空间以消除噪声。

7. 厨房的温度和湿度

（1）厨房的温度

厨房内较适宜的温度应控制在冬天 22~26 ℃，夏天 24~28 ℃。在厨房安装空调系统可以有效地降低厨房温度。如果厨房没有安装空调系统，也有许多方法可以适当降低厨房内的温度。

1）在加热设备的上方安装排风扇或排油烟机。

2）对蒸汽管道和热水管道进行隔热处理。

3）尽量避免在同一时间、同一空间内集中使用加热设备。

4）通风降温（送风或排风降温）。

（2）厨房的湿度

厨房中的湿度过大或过小都是不利的。湿度过大，人体易感到胸闷，有些食品原料易腐败变质，甚至半成品、成品质量也会受到影响。反之，湿度过小，厨房内的原料（特别是新鲜的绿叶蔬菜）易干瘪变色。

8. 厨房的通风

随着科学技术的发展和厨房工作条件的改善，厨房的通风工作也越来越受重视，厨房通风应该包括送风和排风两方面。

（1）送风

1）全面送风。全面送风是利用中央空调直接将经过处理的新风送至厨房，并在厨房的各个工作点上方设置送风口，又称为岗位送风。

2）局部送风。局部送风就是利用小型空调器对较小空间的厨房进行送风，如冷菜间利用壁挂式空调进行送风降温，也有的厨房空间较大，需要采用柜式空调进行送风、降温。

（2）排风

厨房的排风是指利用排风设备将厨房内含有油脂异味的空气排出，使厨房内充满新鲜、无污染的空气。

1）全面排风。全面排风是指利用空调系统对厨房空气进行处理，使厨房的湿度和温度、空气的新鲜度和流速都控制在一定的范围内。

2）局部排风。局部排风是指在厨房的主要加热设备（如炒灶、蒸灶、蒸箱、炖灶、油炸炉、烤炉等）上方安置排风设备，或在厨房的墙体上安置排风扇等，以达到局部排风的目的。

3）排油烟罩和排气罩。大部分厨房即使装有机械通风系统，也不足以排出烹调时所产生的油烟、蒸汽，还必须为炉灶、油炸锅、汤锅、蒸箱、烤炉等设备安装排油烟罩或排气罩，将油烟、蒸汽及时排出厨房。

9. 厨房的排水

厨房排水系统要能满足生产中最大排水量的需要，并做到排放及时，不滞留。值得注意的是，厨房的排水油污较重，必须经过处理才可排入下水道。处理的主要方法就是隔油池过滤。隔油池的作用是将厨房污水中的油污部分及时隔断在下水道外面，从而保证排水的畅通。

厨房的排水沟可采用明沟与暗沟两种方式。明沟是目前大多数厨房普遍采用的一种方式，优点是便于排水、冲洗，可有效防止堵塞，缺点是排水沟里可能散发异味，有些厨房的明沟还是虫、蝇、鼠的藏身之地。因此，排水沟出水端应安装网眼面积小于 1 平方厘米的金属网，防止鼠虫和其他小动物的侵入。

暗沟是厨房排水的另外一种方式，多以地漏将厨房污水排出。地漏直径不宜小于 150 毫米，径流距离不宜大于 10 米。采用暗沟排水，厨房显得更为平整、光洁，易于摆放设备，但管理不善导致管道堵塞时，疏浚工作相当困难。一些餐饮企业在设计厨房暗沟时，会在暗沟的某些部位安装热水龙头，厨房人员每天只需开启 1~2 次热水龙头，就能将暗沟中的污物冲洗干净。

三、厨房布局类型

厨房布局应依据厨房结构、面积、高度以及设备的具体规格进行。通常，厨房设备布局可参考以下几种类型。

1. 直线形布局

直线形布局（见图 4-1）适用于高度分工合作、场地面积较大、相对集中的大型餐饮企业的厨房。所有炉灶、炸锅、蒸炉、烤箱等加热设备均为直线形布局，通常是依墙排列，置于一个长方形的通风排气罩下，集中布局加热设备，集中吸排油烟。每位厨师按分工相对固定地负责某些菜点的烹调熟制，所需设备、工具均分布在其左右和附近，因而能缩短取用工具的行走距离。与之配套，厨房的切配、打荷、出菜台也直线排放。整个厨房整洁清爽，流程合理、通畅。这种布局的缺点是出菜时行走距离较长。因此，这种厨房布局大多服务于两头餐厅区域，两边分别出菜，这样可缩短餐厅跑菜距离，保证出菜速度。

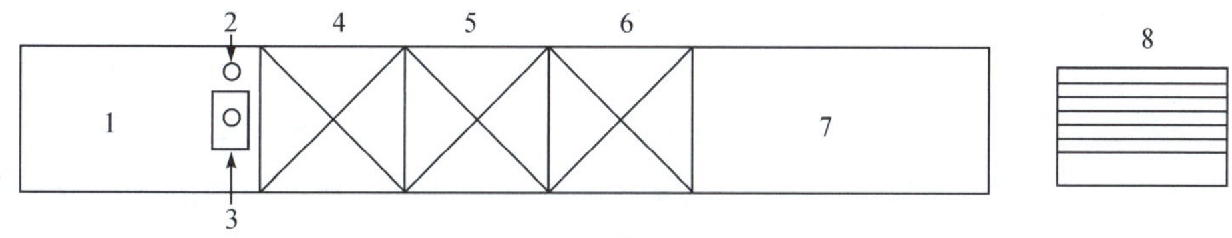

图 4-1 厨具清洗区直线形布局示意图

1—脏厨具接收台 2—冲洗设备 3—垃圾处理槽 4—洗涤槽 5—清洗槽 6—消毒槽
7—清洁厨具台 8—活动式厨具架

2. 相背形布局

相背形布局是把主要烹调设备、烹炒设备和蒸煮设备分别以两组的方式背靠背地组合在厨房内，中间以一矮墙相隔，置于同一抽排油烟罩下，厨师相对站立进行操作，工作台安装在厨师背后，其他公用设备可分布在附近。相背形布局适用于正方形厨房。这种布局由于设备比较集中，只使用一个抽排烟罩，所以比较经济，但也存在厨师分工不明确、操作时必须多次转身取工具和原料，以及厨师必须多走路才能使用其他设备的缺点。

3. L 形布局

L 形布局（见图 4-2）通常将设备沿墙壁设置成一个直角形，并把煤气灶、烤炉、扒炉、烤板、炸锅、炒锅等常用设备组合在一边，把另一些较大的设备（如蒸锅、汤锅等）组合在另一边，两边相连成一直角，集中加热排烟。当厨房面积、形状不便于设备做相背形或直线形布局时，往往采用 L 形布局。这种布局方式在一般的包饼房、面点生产间等厨房得到广泛应用。

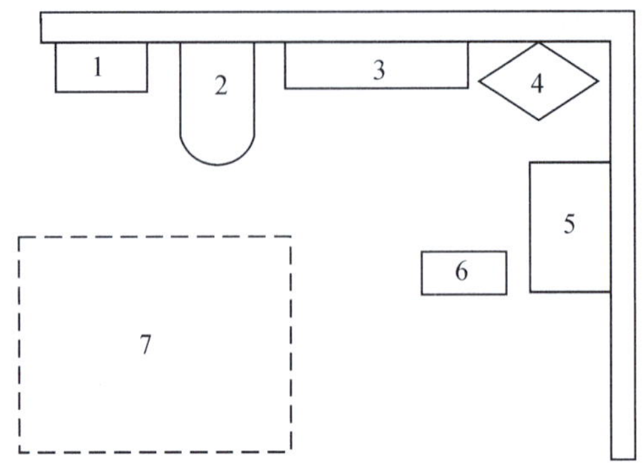

图 4-2　包饼房 L 形布局示意图

1—水源（洗涤槽） 2—搅拌机 3、5—面包师工作台 4—半自动面包机切割机 / 造型机
6—活动防水发面柜 7—在通风系统下的烤箱及其他烹饪设备

4. U 形布局

厨房设备较多而生产人员不多、出品较集中的厨房部门，可采用 U 形布局（见图 4-3），如点心间、冷菜间、火锅操作间、厨房清洗区。将工作台、冰柜以及加热设备沿四周摆放，留一出口供人员、原料进出，便是 U 形布局。采用 U 形布局时，人在中间操作，取料操作方便，节省走动距离，设备靠墙排放，既平稳，又可充分利用墙壁和空间，显得更加经济和整洁。厨师、服务人员站在中间递送菜点、调节火候、提供服务，顾客围四周涮食，既节省店方用工，又不会降低服务效率。

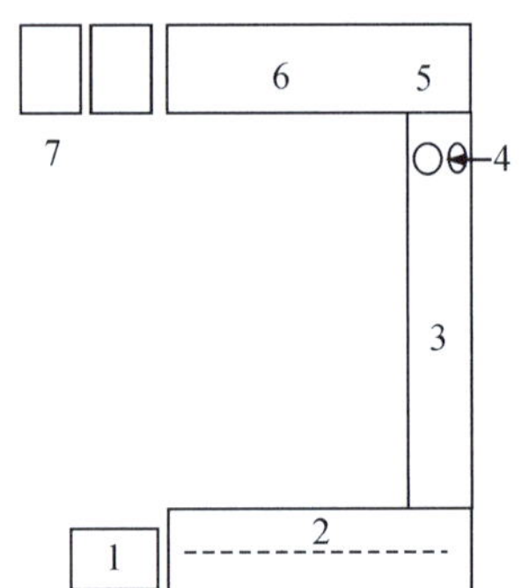

图 4-3　厨具清洗区 U 形布局示意图

1—废料容器 2—带上搁架的脏餐具台 3—脏餐具台 4—带处理器的喷淋水槽 5—洗碗机
6—下有储存架的清洁餐具台 7—餐具手推车

第三节　厨房操作间设计布局

厨房操作间是厨房不同岗位相对集中、合一的作业场所，也就是一般餐饮企业为了生产、经营的需要，分别设立的加工厨房、中餐烹调厨房、冷菜厨房、面点厨房、西餐厨房、餐厅烹饪操作台等。厨房操作间的设计布局就是对上述操作场所的设计布局。

一、加工厨房设计布局

加工厨房又称为主厨房或中心厨房，是相对于其他烹调厨房而言的。加工厨房将出品厨房所需原料的申领、宰杀、洗涤、加工集中于此，按统一的规格进行生产，再分别供各厨房加以烹调、装配、出品。

1. 独立设置加工厨房的必要性

（1）集中原料领购，利于审核控制

厨房加工集中以后，各出品厨房根据销售量，定时向加工厨房预约次日（或下一餐）所需要的加工净料，再由加工厨房将各烹调厨房所订原料进行汇总，并根据各种原料的出净率和涨发率，折算成原始原料量，统一向采购部门和仓储部门申购或申领原料。这样做不仅简化了手续，节省了劳动力，更重要的是便于厨房管理人员对原料的订、领进行集中审核，更有利于对原料的补充和使用情况进行控制。

（2）统一加工规格，保证出品质量

所有厨房的加工集中以后，厨房管理人员首先对各出品厨房、各种原料的加工规格进行严格审定，继而对加工厨房厨师进行集中培训，让每位加工厨师都明确并掌握本企业各种原料的加工规格，在日常生产操作中还可辅以督导检查。这样，可以保证各餐厅出品的同类菜点都能做到形象一致、规格标准，为稳定和提高出品质量创造基础条件。

（3）便于综合利用，利于成本控制

加工集中以后，原来各点直接订货变成集中统一订货。这样就可能使企业购货成本支出减少。例如，A 烹调厨房需订购鱼头，B 烹调厨房需订购鱼划水（鱼尾），C 烹调厨房需订购鱼肉加工鱼片。如果分别订购，不仅采购单价贵，而且货难买，采购工作量也大。而 A、B、C 三个厨房如果集中向加工厨房订货，加工厨房便可将所需原料进行归类整理，集中订购，既经济，又方便采购，这样就切实做到了原料的综合利用。

原料集中加工还便于厨房统一进行不同性质原料的加工测试，如对干货进行涨发率测试，对整鸡、整鸭进行出净率测试。通过加工测试，可以找出最为方便和高效的加工方法，并规定其加工程序。将各类加工原料按规定数量分装（有条件的配备真空包装机，对原料进行分装）并注明加工时间，及时对各烹调厨房原料领用情况进行准确计算，可为餐饮成本控制提供准确、可靠的依据。

（4）集中设备用具，便于提高效率

将餐饮企业所有加工统一集中以后，加工厨房的人员分别相对固定地从事某几种原料的涨发、切割或浆腌工作，技术专一，设备用具集中，熟练程度就会提高，厨房的工作效率也随之提高。

（5）及时清运垃圾，利于卫生管理

目前，餐饮企业购进的食品原料几乎都是未经加工、鲜活完整的原始原料。这不仅给企业增加了巨大的加工工作量，而且随着原料加工的完成，各类垃圾也随之大量产生。如果各厨房分别进货，各自加工，整个厨房生产区域便显得杂乱不洁，给厨房卫生管理带来困难。集中加工以后，加工过程中产生的垃圾便会得到有效的控制。这不仅保证了厨房区域的卫生，也使卫生清洁方面的费用支出得到明显控制。

2. 加工厨房的设计要求

独立设计加工厨房，对厨房生产和管理有明显的益处。要充分发挥加工厨房的积极作用，在对加工厨房进行设计时，必须力求符合以下要求：

（1）靠近原料入口，便于垃圾清运

加工厨房靠近原料入口处或卸货平台，或将验收货物办公室综合设计在加工厨房的入口处，不仅可以节省货物的搬运时间，还可以减少搬运原料对场地的污染，以及有效地防止验收后原料丢失或被调包。另外，加工厨房每天会产生若干垃圾，虽然这些垃圾被相对集中地储放于有盖的垃圾桶内，但随着垃圾的增多和厨师班次的交接，垃圾必须及时清运出店或转送至密封的垃圾库。因此，加工厨房应设计在便于垃圾清运且不影响、破坏餐饮企业形象的地方。

（2）留有足够空间，配齐相应设备

加工厨房集中了餐饮企业所有原料的加工拣择、宰杀、洗涤、分档、切割、腌制以及干货涨发工作，工作量和场地面积占用都比较大。餐饮企业生产及经营网点越多，分布越广，加工厨房的规模就越大。为了保持加工厨房良好的工作环境，减少加工原料相互之间的污染，对不同原料的加工还应做到相对集中，适当分隔。为提高各种原料加工效率，达到相应的加工规格，还应如数配备必需的设备。

（3）畅通运输通道，提高工作效率

加工厨房加工的原料中，有的是距离开餐前较早时间就被各烹饪厨房领回使用的，如需提前煨制、炸制的排骨，扣肉等；有些原料为了确保其新鲜度，是在开餐期间，甚至顾客点菜后才能进行加工的，如虾、蟹、甲鱼等一般要经点菜、看货确认后，再送加工厨房宰杀。后一种情况要求在很短的时间内高质量地完成加工工作，并在第一时间送至烹调岗位，减少顾客等菜的时间。因此，加工厨房与各烹调厨房要有方便、顺畅的通道或相应的运输手段。这不仅是提高工作效率、保证出品速度的需要，同时也是减轻劳动强度、方便大批量加工及成品运送的需要。

（4）分隔原料加工，做到互不污染

虽然各种性质的原料加工都会产生垃圾，加工后的原料也都需要经过洗涤才可用于切配，但不同性质的原料若互相混杂，不仅降低加工效率，而且被污染后难以消除异味。洗净的加工原料如果不严格分类摆放，也会产生污染。因此，不同性质原料的加工用具、作业场所必须专项专用，才可能保证加工原料质量。在加工厨房加工原料时，要特别注意水产品宰杀给时鲜果蔬带来的腥味污染，更要防止禽畜宰杀时羽毛给其他原料带来的污染。

（5）安装冷藏设施，提供加热设备

加工厨房加工的原料不仅种类多，而且数量大，各烹调厨房要货时间也不一定十分准确和固定。因此，加工厨房作为备用原料和加工后原料的储存及周转地，设计足够的冷库是必要的。在一些大型餐饮活动之前，大量的加工原料必须及时放入冷库妥善保藏，以保证原料质量，供烹调厨房随时取用。因此，加工厨房对原料和加工成品的保质足量备存特别重要。此外，有些原料经适当降温冷冻后，加工也变得更加方便。

同时，加工厨房的加工工作中，有些干货原料的涨发和鲜活原料的宰杀、煺毛需要进行热处理，如大乌参涨发前要火烤、牛筋涨发要长时间焖焐、仔鸡宰杀后要水烫烟毛、甲鱼要用热水处理以去除黑衣、黄鳝烫后才能划丝等。因此，在加工厨房的合适位置设计配备明火加热设备是十分必要的。图 4–4 所示为加工厨房设计布局示意图。

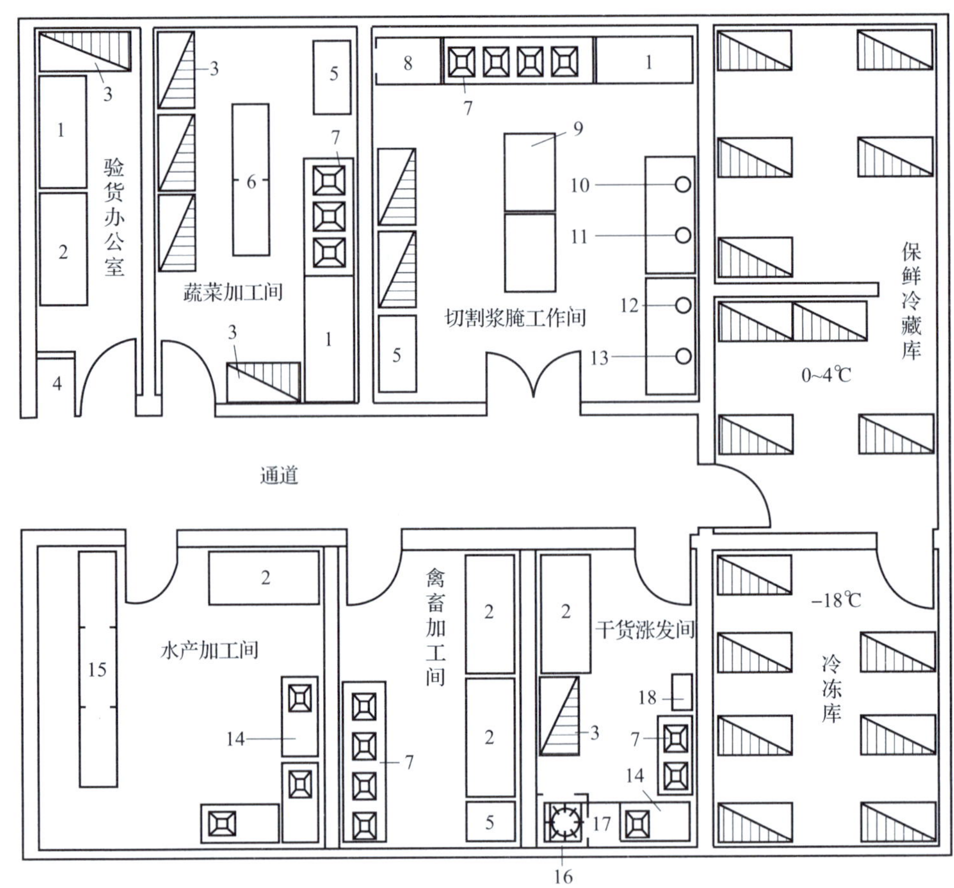

图 4–4　加工厨房设计布局示意图

1—工作台　2—办公桌　3—层架　4—磅秤　5—工具柜　6—择菜台　7—水池　8—浆腌台　9—切割台　10—刨片机　11—绞肉机　12—去皮机　13—锯骨机　14—单星盆工作台　15—水产活养池　16—矮身炉　17—烟罩　18—高压冲地泵

二、中餐烹调厨房设计布局

中餐烹调厨房负责根据零点或宴会等不同出品规格要求，将主料、配料和小料进行合理配比，并在适当的时间内烹制成符合风味要求的成品，再将成品在尽可能短的时间内呈现给顾客。因此，中餐烹调厨房的设计必须符合以下要求。

1. 考虑同一平面设计

为了保证中餐烹调厨房的出品及时且符合应有的色、香、味等质量要求，中餐烹调厨房应紧靠与其风味相对应的餐厅。尽管有些餐饮企业受到场地或建筑结构、格局的限制，加工厨房或点心、冷菜、烧烤等的制作间与餐厅不在同一楼层，但中餐烹调厨房必须与餐厅在同一楼层。考虑到传菜的效率和安全，尤其是会议餐、团队餐时可能需用推车服务，因此，中餐烹调厨房与餐厅应在同一平面，不可有落差，更不能在不同楼层。

2. 配备冷藏、加热设备

中餐烹调厨房的室温较高，这给原料的保质储存带来很多困难。因此，中餐烹调厨房内用于配份的原料需随时在冷藏设备中存放，这样才能保证原料的质量和出品的安全。开餐间隙、期间和晚餐结束，调料、汤汁、原料、半成品和成品均需就近低温保藏。所以，设计、配备足够的冷藏设备是必需的。同样，中餐烹调厨房承担着对应餐厅各类菜点的烹调制作，除了配备与餐饮规模、经营风味相适应的炒炉外，还应配备一定数量的蒸、炸、煎、烤、炖等设备，以满足出品需要。

3. 排烟气效果要好

中餐烹调厨房工作期间会产生大量的油烟、浊气和蒸汽，如果不及时排出，则会在厨房内弥漫，甚至倒流进入餐厅，污染就餐环境。因此，在炉灶、蒸箱、蒸锅、烤箱等产生油烟和蒸汽的设备上方，必须配备一定功率的抽排烟设施，创造清新的环境。

4. 原料传递要便捷

中餐烹调厨房中，配份与烹调应在同一开阔的工作间内，配份人员与烹调人员之间的距离不可太远，以减少传递的工作量。顾客提前预订的菜点在配份后，应在工作台面或台架上暂放待炒。不可将已配份的所有菜点均转搁在烹调出菜台（打荷台）上，以免出菜秩序混乱。

5. 设置活鲜加工设备

顾客对原料鲜活程度和出菜速度、节奏越来越重视，顾客所订、点的海、河鲜等鲜活原料经鉴认后，一般会在较短的时间内烹饪上桌。因此，加工鲜活原料需要设计、配置方便操作的专用水池及工作台，以保证在开餐繁忙期间操作仍十分便利。

刺身的制作要求有严格的卫生和低温环境，除了在管理上对生产制作人员及其操作有严格的操作规范外，在设计及设备配备上也应充分考虑上述因素。设置相对独立的作业间，创造低温、卫生和方便原料储藏的小环境是十分必要的。图 4–5 所示为中餐烹调厨房设计布局示意图。

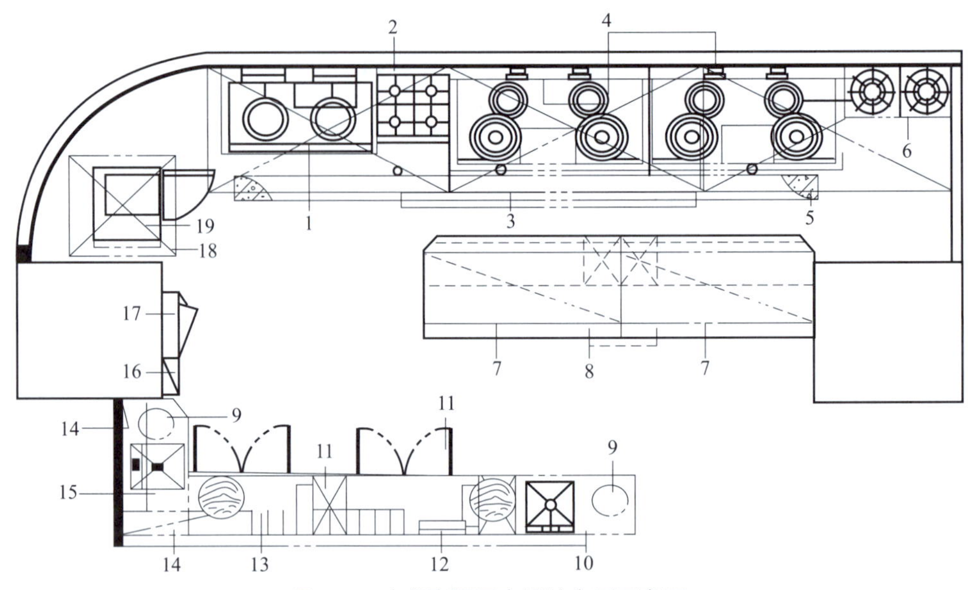

图 4-5　中餐烹调厨房设计布局示意图

1—双头蒸炉　2—煲仔炉连烤箱　3—运水烟罩　4—双头双尾炒炉　5—明沟垫板　6—双头矮身炉　7—移门工作台　8—保温出菜台　9—活动垃圾箱　10—工作台　11—冷柜工作台　12—灭蝇灯　13—低温配料槽　14—双层吊架　15—单星盆工作台　16—消防系统　17—运水烟罩控制箱　18—烟罩　19—蒸柜

三、冷菜厨房设计布局

冷菜厨房一般由两部分组成：一部分是冷菜及烧烤、卤水的加工制作场所，另一部分是冷菜及烧烤、卤水成品的装盘、出品场所。通常情况下，冷菜厨房（俗称冷菜间）多指后者。由于进入冷菜间的成品都是用于直接销售的熟食，或者虽为生料但已经过泡洗腌制等烹饪处理，符合食用要求，所以，冷菜间的工作性质及其设计与其他厨房有明显的不同。

冷菜厨房设计布局除了方便操作、便利出品之外，还应注意执行《中华人民共和国食品安全法》和国家相关行业管理规范，确保食品安全、可靠，切实维护消费者利益。

1. 具备两次更衣条件

根据行业规范，为确保冷菜厨房内食品及操作卫生，冷菜厨房员工进入生产操作区内必须两次更衣。因此，在设计冷菜厨房时，应采取两道门（并随时保持关闭）防护措施。员工在进入第一道门后，经过洗手、消毒、穿着洁净的工作服等程序，方可进入第二道门，从事冷菜的切配、装盘等工作。

2. 低温、消毒、预防鼠虫

进入冷菜厨房的成品都是可直接食用、销售的食品，常温下存放极易腐败、变质。

因此，冷菜厨房应设计可单独控制的制冷设备，确保总体温度不超过 15 ℃。同时，为了防止冷菜厨房可能出现的细菌滋生，设计装置紫外线消毒灯等设备也是十分必要的(开启消毒灯时不可有人在场)。此外，冷菜厨房的门窗、工作台柜等均应紧凑严密，不可松动和留有太大缝隙，以防鼠、虫等侵袭。

3. 设计、配备冷藏设备

尽管冷菜厨房室温比较低，但将冷菜食品长时间直接放在这样的温度环境里也是不安全的。待装盘的成品冷菜或消过毒的洁净生原料在装盘前，均应在冷藏冰箱或冷藏工作柜内存放，有些成品类 (水晶) 冻汁菜点更应如此。因此，冷菜厨房应设计、配备足够的冷藏设备，保证各类冷菜分别存放，随时取用。烧烤、卤水成品在冷菜厨房的存放也应有特定的条件和要求，考虑到有些地方顾客的饮食习惯，还需配备加热、烫制设备。

4. 提供出菜便捷条件

无论在零点还是宴会中，冷菜、烧烤、卤水成品总是首先呈现给顾客。管理严格的餐饮企业中，零点的冷菜、烧烤、卤水成品必须在顾客点菜后 5 分钟 (甚至更短的时间) 内确保上桌。缩短冷菜厨房与餐厅的距离是提高上菜速度的有效措施。因此，冷菜厨房应尽量设计在靠近餐厅、紧邻备餐间的地方。为了保证冷菜厨房的卫生，应减少非冷菜厨房人员进入，同时，也为了方便冷菜的出品，减少碰撞，冷菜厨房应设计专门的窗口和平台。

图 4-6 所示为冷菜厨房设计布局示意图，图 4-7 所示为烧烤、卤水厨房设计布局示意图。

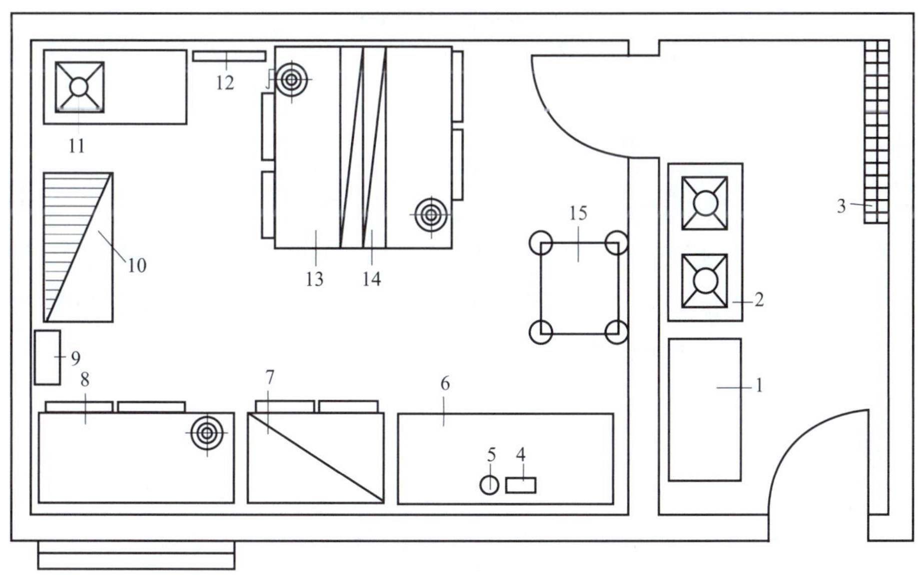

图 4-6　冷菜厨房设计布局示意图

1—工具柜　2—双槽消毒水池　3—挂衣架　4—微波炉　5—搅拌器　6—工作台　7—立式冰箱　8、13—冰柜工作台　9—空调　10—四层货架　11—水池工作台　12—紫外线灯　14—二层货架　15—成品车

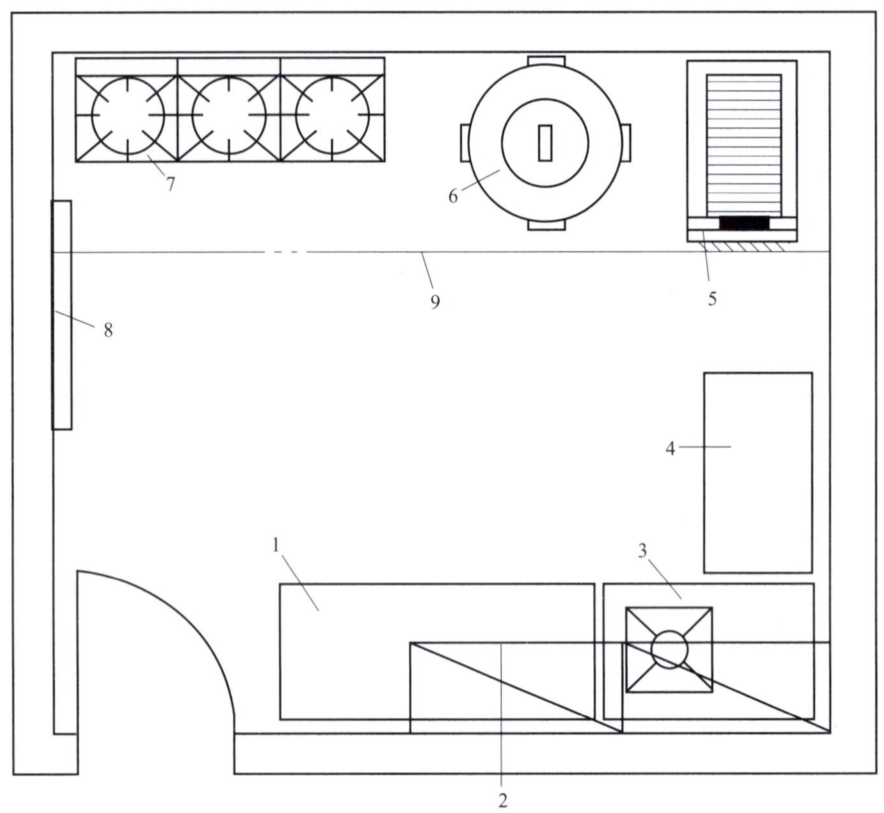

图 4-7 烧烤、卤水厨房设计布局示意图

1—工作台 2—吊架 3—单星盆工作台 4—工具柜 5—烤猪炉 6—烤鸭炉 7—矮身炉
8—挂架及垫盘 9—抽排烟罩

四、面食、点心厨房设计布局

面食、点心厨房（或称面点间）设计既要考虑到与烹调厨房相对合并，集中加热，以节省投资，便于安全管理，又要考虑到点心用料的特殊性和制作的精致性，同时还应考虑本地、本店面食、点心销售占餐饮销售的比例及面食、点心生产工作量的大小。综合考虑各方面因素，才可以对面食、点心厨房的大小，设备的规格、数量等进行具体设计安排。

1. 单独分隔或相对独立

在面食、点心生产、需求量很大的餐饮企业中，面食、点心厨房应尽量单独分隔设立。这样，既解决了红案的水、油及其他用具对面点原料、场地的干扰、污染问题，又便于面点生产人员集中精力进行生产制作。此外，独立的面食、点心厨房便于对红案、白案的设备进行专门维护、保养，便于明确、细化卫生责任。在华北地区，面食在餐饮销售和就餐食品中均占有很大比例，其花色品种繁多，制作程序复杂，操作幅度大，蒸煮锅灶大，因此，面食、点心厨房不仅要求有较大空间，还要求单独成室，独立作业。即使在面食、点心生产任务相对较轻的餐饮企业，在考虑面点加热设备与菜肴加热设备集中布局，部分设备综合使用的前提下，也应将面点制作的器具、设备相对集中，以缩短面点厨师走动的距离，方便控制质量，提高效率。

2. 配有蒸、煮、烤、炸等设备

点心多为顾客用餐后的小食品，成品大多制作精巧，可供玩味，更耐品赏，多由蒸、烤、炸等烹调方法熟制而成，因为这些烹调方法最能保持成品的造型和花纹，最能创造精细、精美的效果。在进行烹调之前，必须对点心进行揉面、下剂、捏作等工序处理，所以，必须配备相应的工作台和和面、搅拌、压面等器械。面食、点心厨房大多还承担米饭、粥类食品的蒸、煮，所以蒸、煮用的蒸箱、蒸饭车或蒸汽锅也是不可或缺的。除此之外，有些餐饮企业还供应或奉送就餐顾客糖水或甜品，帮助顾客果腹解酒。因此，面点间有必要配备相应的矮身炉，用以熬、煲甜品或煎、烙春卷、饺子等。

3. 抽排油烟、蒸汽效果要好

面食、点心厨房由于烤、炸、煎类品种占有很大比例，蒸制的面食品种也多，产生的油烟、蒸汽较多，需要排出的气体量相当大，必须配备大功率的抽排油烟、蒸汽设备，保持室内空气清新。

4. 便于与出菜沟通，有利于监控、督察

无论是零点还是宴会，点心往往独立生产制作，而具体何时熟制、何时出品常常不确定，若是开餐繁忙时期，难免出现菜点出品断档的现象，因此，在设计时应考虑面食、点心厨房如何与备餐间、红案有机联系。例如，面点间门开在红案打荷的对面或紧挨着备餐间开门，以方便沟通等。另外，为了方便管理，防止面食、点心厨房出现安全隐患或其他违纪现象，独立分隔的面点间还应安装大型玻璃门窗，以便于在室外进行监控和督察。图 4–8 所示为面食、点心厨房设计布局示意图。

五、西餐厨房、餐厅烹饪操作台设计布局

西餐的烹饪方法和成品特点与中餐有明显的区别，西餐厨房的设计布局也与中餐厨房不同。餐厅烹饪操作台是厨房工作在餐厅的延伸，或者可以说是厨房工作部分地被转移到餐厅进行，其具体表现形式通常有餐厅煲汤、汆焯时蔬、餐厅（包括自助餐厅）布置操作台、现场表演制作食品等。餐厅烹饪操作台不仅有厨房的烹调功能，而且更显著的特点是在餐厅操作，所用烹调设备比厨房用烹调设备更精致、更美观、更卫生。

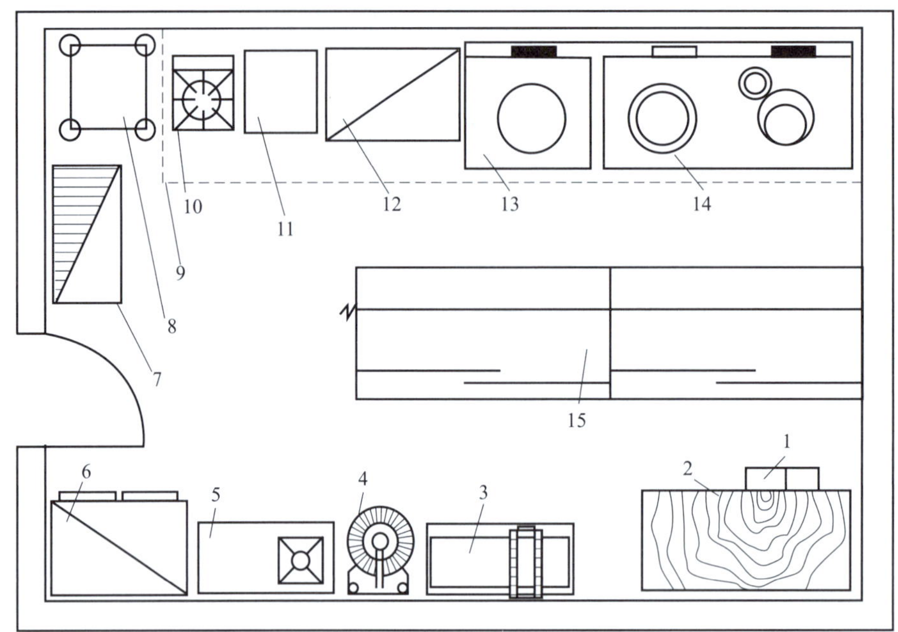

图 4-8　面食、点心厨房设计布局示意图

1—面粉车　2—木面工作台　3—压面机　4—和面机　5—水池工作台　6—立式冰箱　7—四层货架　8—烤盘架　9—抽排油烟罩　10—矮身炉　11—饧发箱　12—烤箱　13—蒸汽夹层锅　14—蒸炒灶　15—（餐具）调理台

1. 西餐烹调厨房设计

西餐烹调以烤、扒、焖、炸、炒为主，多将各类原料单独烹制，配汁调味，分别装盘，尤为注重菜点的成熟度，因此，西餐烹调厨房的设计和设备配备与中餐烹调厨房有较大差异。目前，大部分宾馆、饭店的西餐烹调厨房承担咖啡厅产品的生产任务，有些宾馆、饭店的西餐烹调厨房还兼顾客房内用餐产品的制作与出品。实践证明，在西餐烹调厨房内布置适当的中式烹调设备，对节省企业投资、节约用工人数、满足不同功能的生产需要是经济有效的。

西餐制作热菜有一类很有影响的厨房，叫西餐扒房。之所以称为扒房，主要是因为该厨房设计在餐厅内，厨师在用餐顾客面前现场制作，其菜点无论是鱼类，还是牛排、羊排等，多采用扒类烹调方法制作，故得名扒房。西餐扒房的设计重点在扒炉的位置，扒炉要既便于顾客观赏，又不破坏餐厅整体格局，构成集餐厅生产、服务、销售于一体，融制作表演与欣赏品尝于一炉的特有氛围。扒炉上方多装有脱排油烟装置，以免煎扒菜点时产生大量油烟浊气，污染、破坏餐厅环境。图 4-9 所示为西餐烹调厨房设计布局示意图。

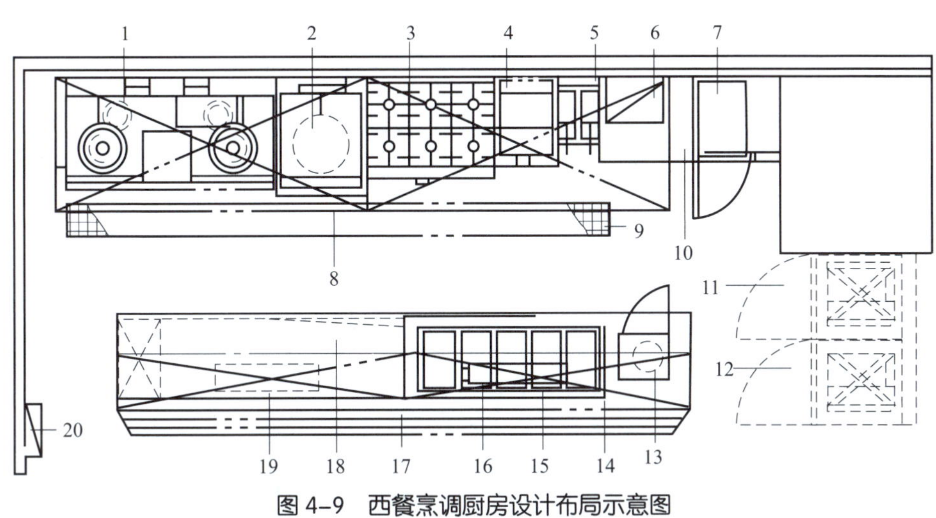

图 4-9　西餐烹调厨房设计布局示意图

1—中式双头炒炉　2—蒸汽万能锅　3—六头平炉　4—扒炉　5—双缸电炸炉　6—上焗炉　7—焗炉　8—排烟罩　9—明沟隔板　10—伸展台座　11、12—转动冷冻格　13—微波炉　14—低温保鲜柜　15、19—热菜器　16、18—工作台　17—托盘架　20—消防系统

2. 西餐冻房、包饼房设计

（1）西餐冻房设计

西餐冻房即制作西餐冷、凉（未经烹调即可直接食用）、生食品的场所，与中餐冷菜厨房功能大致相同，完成冷头盘、沙拉、冷菜、果盘的制作与出品。因此，西餐冻房的室内温度、消毒环境以及其他设计要求都应与中餐冷菜厨房相仿，设备的选配及布局方式大体与中餐冷菜厨房相似，但也有特殊之处。图 4-10 所示为西餐冻房设计布局示意图。

（2）西餐包饼房设计

西餐包饼与中餐点心在餐食中的地位相近。西餐包饼房的设计不仅要留有足够的空间，而且设备选配也要精致优良。

包饼房设计的总体原则是作业空间设计必须符合各类点心的加工流程，缩短员工的工作距离，适应员工的工作姿势，只有这样才能提高效率，减少员工体力消耗。除此之外，还应对设备开关装置和标志进行设计，使其方便操作。包饼房常用的设备布局方法有直线排列法、L 形排列法、带式排列法、海湾式排列法、酒吧排列法、快餐厅排列法。另外，包饼房的最佳室温应控制在 17~20 ℃，噪声控制在 40 分贝以下，工作台的照度应在 400~3 000 勒克斯，机械设备加工区照度应在 150~200 勒克斯，房屋的高度应在 3.6~4 米，一般不低于 2.7 米。图 4-11 所示为西餐包饼房设计布局示意图。

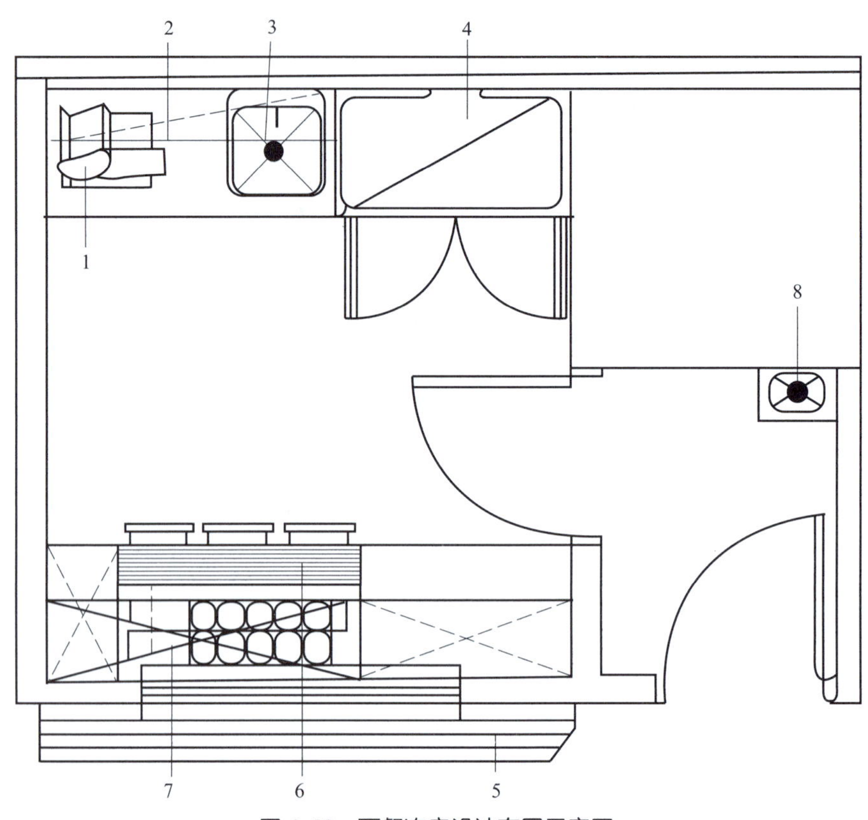

图 4-10　西餐冻房设计布局示意图

1—刨片机　2—双层吊架　3—单星盆工作台　4—四门冰箱　5—托盘架　6—三明治操作台
7—低温保鲜工作台　8—洗手池

3. 餐厅烹饪操作台设计

（1）餐厅烹饪操作台的作用

餐厅烹饪操作台用于在餐厅现场制作食品，对宣传餐饮产品和扩大产品销售具有多方面的作用。

1）活跃餐厅气氛。顾客来到餐厅用餐，除了满足果腹充饥的生理需求外，更多、更高层次的需求是为了沟通和交际。因此，沉闷的就餐环境很难满足顾客的需求，而轻松、活跃的餐厅气氛则受顾客普遍欢迎。餐厅的装修档次、色调、风格多已固定，对经常光顾的顾客已无新鲜感可言，因此，餐厅陈列现场制作食品的烹饪操作台，在给顾客提供风味美食的同时，也使顾客更加形象、直观地观赏到自己所需风味食品的制作过程，能增添用餐的情趣。顾客进食、交际的内涵在扩大，话题在增多，用餐的综合效果自然更好。

2）方便选用食品。顾客的生活习惯、用餐经历不同，对食品的成品质量要求也不尽相同。零点菜点的顾客可以向点菜服务人员交代具体要求，以得到其想要的菜点。

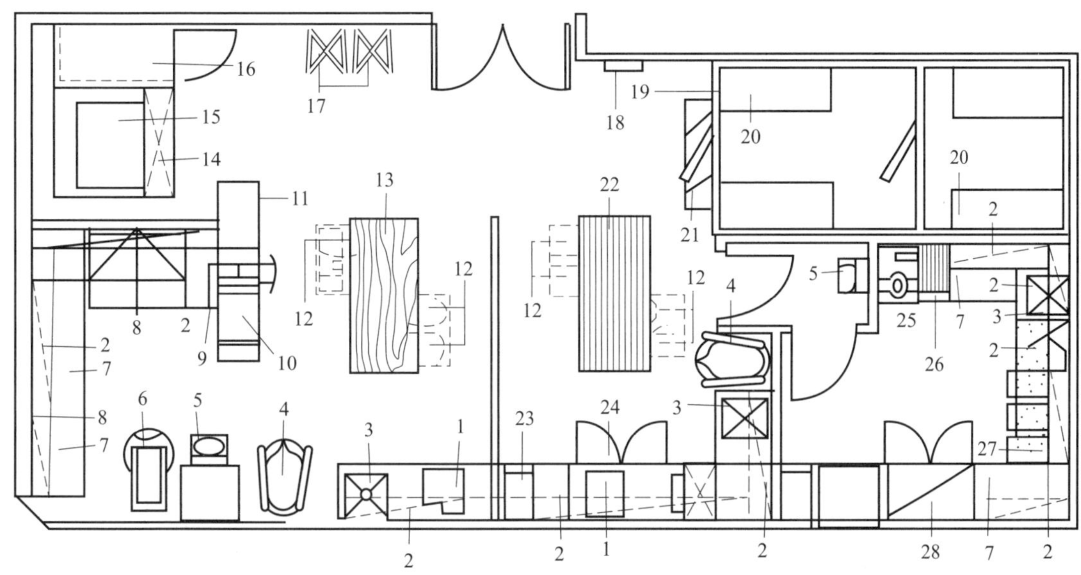

图 4-11　西餐包饼房设计布局示意图

1—台秤　2—双层吊架　3—单星盆工作台　4—搅拌机　5—洗手池　6—搓面包机　7—工作台　8—双星盆工作台　9—明沟隔板　10—压面机　11—压面机台　12—糖粉车　13—木面工作台　14—抽油烟罩　15—烘烤炉　16—饧发箱　17—烤盘车　18—灭蝇器　19—冷库板　20—冷库货架　21—明沟垫板　22—耐纶工作台　23—双头单炉　24—冷柜工作台　25—成形机　26—热巧克力器　27—抽屉式冷柜　28—四门冰箱

宴会顾客在订餐时可以说明要求，以保证在用餐时各取所需。这两类情况都必须通过服务人员传达顾客的需求，才可能满足顾客的需要。若中间环节沟通不畅，或出现偏差，顾客很难如愿。餐厅内设置烹饪操作台进行现场制作，顾客既可通过服务人员即刻转达对食品的要求，又可以直接向现场制作的厨师提出具体要求。

3）宣传饮食文化。饮食文化是众多顾客共同感兴趣的精神享受，中国饮食文化更是博大精深、奥妙无穷。餐厅设计烹饪操作台现场制作，将传统习惯上只在厨房区域制作的工艺，尤其是后期熟制成品工艺移至餐厅，可以使顾客全面、细致地了解、认识产品，形象地记忆、宣传产品。对顾客来说，用餐时看到感兴趣的菜点可以回去模仿；对餐饮企业来说，不仅满足了顾客的需求，而且对潜在市场做了广泛的宣传。

4）扩大产品销售量。餐厅内设置烹饪操作台进行现场制作，在渲染气氛的同时，更吸引了就餐顾客的注意力，一些玲珑精美、色形诱人、香气四溢的菜点能够很快激起顾客的购买欲望，尝试消费和效仿消费将为现场制作产品打开销路。产品自身的优势和魅力在后续消费中发挥更大的作用。

5）控制出品数量。通常情况下，厨房出品越多，意味着销售越旺，饭店受益越多。而在标准确定的自助餐销售中，此情况并不尽然。自助餐标准确定后，菜点品种和数量是有一定比例的，既要有足够、不同类别品种的食品供顾客各取所需，又要有一定数量、比例的高档食品吸引顾客，给顾客物有所值的感觉，还要考虑餐饮企业应得的经济效益。因此，在自助餐开餐服务期间，对计划内出品、可能引起顾客普遍需求的食品，要进行有技巧的服务，以起到尽可能满足顾客需要而不突破成本的效果。在餐厅设烹饪操作台采取现场制作、现场分派的方式，让需要同类菜点的顾客自觉排队，依次限量服务，是达到上述目的有效而不失体面的做法。对一些不一定限量但制作成本较高的菜点，采取现场制作、切割或现场服务，也可以起到控制生产出品数量、控制食品成本的效果。

（2）餐厅烹饪操作台设计要求

由于餐厅烹饪操作台（特别是自助餐现场操作台）位置和作用的特殊性，其设计要求与普通厨房不同。

1）设计整齐美观，无后台化处理。餐厅烹饪操作台设置在餐厅，整个设计（包括现场操作人员）就成了餐饮产品的一部分。生产制作人员除了要卫生整洁、着装规范、操作熟练外，还需要整齐别致，起到美化餐厅的作用。餐厅烹饪操作台虽然与厨房烹制、切割一样，需要一系列刀具、用具，会出现零乱现象，会有垃圾产生，但在设计时应力求完美，将不太雅观的操作及器皿进行适当遮挡，确保既便于操作，功能齐全，流程顺畅，又不破坏餐厅的格调气氛，不有碍观瞻。

2）操作简便安全，同时易于观赏。在餐厅设计、布置烹饪操作台，有时是为了一段时间的需要，有时是为了一项活动的需要，总之，大多不是长久之计。因此，餐厅烹饪操作台无论是用材还是制作工艺，应相对简便，便于调整和重复使用，同时不可忽视安全因素。在餐厅生产、在顾客面前操作，不仅要注意生产人员的安全，更要注意在操作台附近观赏的顾客的安全，防止出现溅烫、沾油、油烟等污染、伤害顾客的现象。

餐厅烹饪操作台要设计得便于顾客观赏，尽量将操作演示的正面设计成面向大多数顾客的角度，尽可能使用餐的顾客都能如愿欣赏，把关键、精彩的操作场面充分展示给顾客。

3）控制油烟、蒸汽、噪声，力求不打扰顾客。无论是在餐厅烹饪操作台上煎蛋、煎饺，还是烙饼、煮面条，都需要在设计时充分考虑油烟、蒸汽和噪声的处理，创造和保持良好的就餐环境。因此，餐厅烹饪操作台的上方应设有抽排油烟设备。临时设置的餐厅烹饪操作台应选择在餐厅回风口区域。同时，餐厅现场操作时要避免选用振动大、噪声高的器具，防止产生不悦耳的杂声，破坏就餐环境。

4）菜点相对集中，便于顾客取食。确定餐厅烹饪操作台位置时，除了醒目、便于顾客观赏、方便抽排油烟外，还要考虑尽可能安排在靠近厨房、便于顾客取用的地方。即使由服务人员根据顾客需要代为取食，也要顺道递送，减少工作量，同时，这也方便了与厨房的联系。在自助餐厅设置现场操作台，应考虑尽量靠近食品餐台，使顾客在取自助菜点的同时，兼顾点用或顺便选取明档食品，缩短顾客的取菜距离，减少餐厅的人流。

图 4-12 所示为餐厅烹饪操作台设计布局示意图。

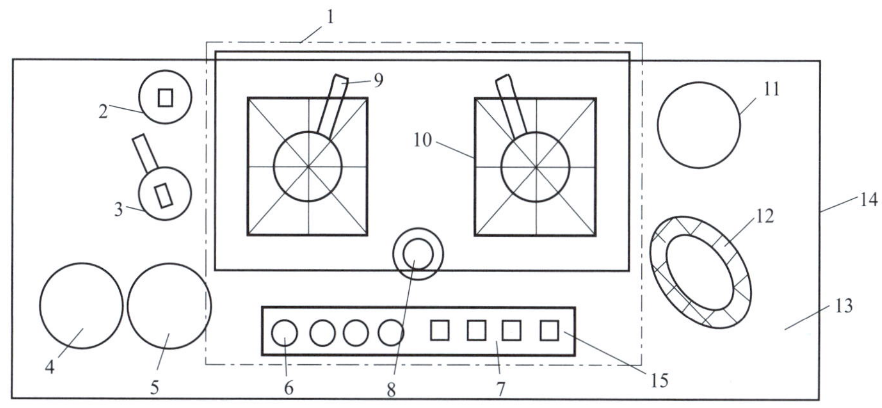

图 4-12　餐厅烹饪操作台设计布局示意图

1—抽排油烟罩　2—抹布及垫盘　3—蛋铲及垫盘　4—备用餐具　5—盛蛋餐具　6—调料钵　7—配料钵　8—煤气罐　9—平底锅　10—双头平炉　11—油盆　12—鸡蛋篮　13—工作台及台布　14—台裙　15—调、配料钵垫板

思考与练习

1. 什么是厨房设计布局？
2. 影响厨房设计布局的因素有哪些？
3. 厨房设计布局的原则有哪些？
4. 厨房环境设计应从哪几方面入手？
5. 解决厨房噪声的方法有哪些？
6. 厨房设备布局的类型有哪些？
7. 加工厨房的设计优点有哪些？
8. 加工厨房的设计要求有哪些？
9. 中餐烹调厨房的设计布局要求有哪些？
10. 冷菜厨房的设计布局要求有哪些？

11. 餐厅烹饪操作台的作用及设计要求有哪些?

12. 结合当地一家餐饮企业实际情况，根据保证厨房工作流程连续顺畅原则的要求，对厨房设计布局流程状况进行分析。

13. 结合当地一家餐饮企业实际情况，根据中餐烹调厨房设计布局要求，对其中餐烹调厨房设计布局进行分析。

第五章 厨房设备与设备管理

学习目标

1. 了解厨房设备的选择原则。
2. 了解厨房加工设备、冷冻设备、冷藏设备的使用方法。
3. 了解厨房加热设备的使用方法。
4. 掌握厨房设备管理的要求、原则及方法。

厨房设备即厨房加工、配份、烹调以及与之相关、保证烹饪生产得以顺利运作的各类器械。厨房设备是厨房生产运作必不可少的物质条件。本章将针对各类厨房设备的主要使用部门及岗位进行划分，简要、系统地讨论厨房加工、冷藏、冷冻、加热等主要设备及其特点，并对厨房设备管理进行阐述。

第一节　厨房设备选择原则

“工欲善其事，必先利其器。”厨房是制作食物的场所，因此，加工、切割、烹调、储藏所需的各种设备都应配备齐全，才能方便使用。厨房设备先进、齐全是高品质菜点生产所必需的。因此，掌握厨房设备选择原则，了解各类设备的性能，便成为现代厨房管理的必备内容。厨房设备选择应掌握以下原则。

一、安全性原则

安全是厨房生产的前提。厨房设备安全主要有以下三方面的含义。

1. 厨房环境安全

设备布局的环境决定了选择厨房设备必须充分考虑安全因素。厨房环境相对较复杂，大多厨房还免不了水、蒸汽、煤气以及高温、高湿等对设备的不利影响。因此，厨房要选择防水、防火、耐高温，以及防湿气干扰、防侵蚀的设备。

2. 厨师操作安全

要在厨房设备牢靠、质量稳定的前提下，充分考虑厨师操作的安全。厨房员工大多是体力劳动者，劳动强度大，干活动作猛，力气大，因此，厨房设备要功能先进，操作简便，自身安全系数高，一般操作不易损坏。

3. 食品卫生安全

厨房设备大多直接接触食品，其卫生安全对顾客的健康直接构成影响。为此，设备的用材、操作及运用都要考虑到是否对食品构成直接或间接的污染。具体来说，选择厨房设备在卫生安全方面要考虑以下要点：

（1）食品接触的设备表面应光滑，不能有破损与裂痕。

（2）厨房设备与食品接触的表面和易染上污迹或需经常清洗的设备表面，应该平滑、不凸出、无裂痕、易清洗和维护。

（3）设备与食品接触表面应采用无吸附性、无毒、无味的材料制造，不能影响食品安全。

（4）设备所有与食品接触的部分都应易于清洁和保养。

（5）毒性金属如镉、铅或此类材料的合金均会影响食品的安全，厨房设备要绝对禁用，非食品用塑料材料同样不可采用。

二、实用、便利性原则

实用、便利性原则是指选配厨房设备不应只注重外表新颖或功能全面，还要考虑厨房的实际需要。设备应简单并能有效发挥其功能。设备的功能以实用、适用为原则，同时兼顾设备使用和维修保养的便利性。以烹饪厨房使用频率极高的炉灶为例，厨师炒菜时一边调料一边调节火候，如果炉灶配有方便操作的炉火调节阀，就能方便厨师协调生产。同样，可倾式蒸汽锅为锅内物品的倒出和清洗带来了便利。

厨房设备应首先满足厨房生产的需要，然后再考虑是否适应本企业的各种条件。厨房设备并不一定都固定不动，有些设备要选择能分解、拆卸的规格型号，易于清洗、维护。

现代厨房设备有些虽然性能优良，但结构复杂、技术要求高。因此，要综合考虑设备维护、保养和修理的方便程度，因此，要考虑本地区、本企业的技术维护力量是否充足。

三、经济、可靠性原则

购置厨房设备必须考虑经济适用性，特别要对同类型厨房设备进行收益性分析和设备费用效率分析，力求以适当的投入购置到最适合本企业生产使用的设备。

厨房的工作环境湿度大、温度高，设备需要经常清洁或移动，这些都会对设备造成损耗。因此，在选择厨房设备时要考虑设备的可靠性，即强调设备的耐用性和牢固程度，选择持久耐用、抗磨损、抗压力、抗腐蚀和耐摩擦的设备。现代厨房设备大多采用不锈钢材料。不锈钢耐冲撞、耐腐蚀，不会被细菌、水分、气味、色素等渗透，符合食品卫生条件。

四、发展、革新性原则

进入 21 世纪，选择厨房设备应该有时代概念，适当选择功能超前的设备，切不可配备已经落伍或者即将淘汰的设备，并在环保和可持续发展方面给予更多关注。选择厨房设备还要考虑到随着科学技术的不断进步、发展，是否能对其进行功能改造，升级换代。例如，厨房的抽排油烟设备应尽量选用集清洗、过滤、抽排油烟于一体的烟罩，厨房餐具保存柜尽量配备储存、干燥（防菌、杀菌）功能合二为一的橱柜等。

第二节　厨房加工、冷冻、冷藏设备

厨房加工是原料进入厨房的第一个环节，也是厨房生产最基础的操作。加工原料除了即时购进的鲜活品外，大多取自冷冻库或冷藏库，加工好的原料同样也多暂时存放在冷冻库或冷藏库。因此，厨房加工、冷冻、冷藏设备的使用和布局大多是联动的。

一、厨房加工设备

厨房加工设备主要是指对原料进行去皮、分割、切削、打碎等处理的设备，以及用于面点制作的和面、包馅、成形等操作的设备。

1. 蔬菜加工机

蔬菜加工机（见图 5-1）通常配有各种不同的切割工具，可以将蔬菜、瓜果等烹饪原料切成块、片、条、丝等各种形状，且切出的原料整齐一致。

2. 蔬菜削皮机

蔬菜削皮机（见图 5-2）用于除去土豆、胡萝卜、芋头、生姜等质脆的根、茎类蔬菜的外皮，运用离心运动与物质之间相互摩擦来达到除皮效果。

3. 切片机

切片机（见图 5-3）采用齿轮传动方式，外壳为一体式不锈钢结构，维修、清洁极为方便，所使用的刀片为一次铸造成型，锐利耐用。切片机是切、刨肉片以及切雕蔬菜片的专用工具。该机虽然只有一把刀具，但可以根据需要调节切刨厚度。切片机在厨房常用来切割各式冷肉、肠、土豆、萝卜、藕片，尤其是刨切涮羊肉片，所切的片大小、厚薄一致、省工省力，使用频率很高。

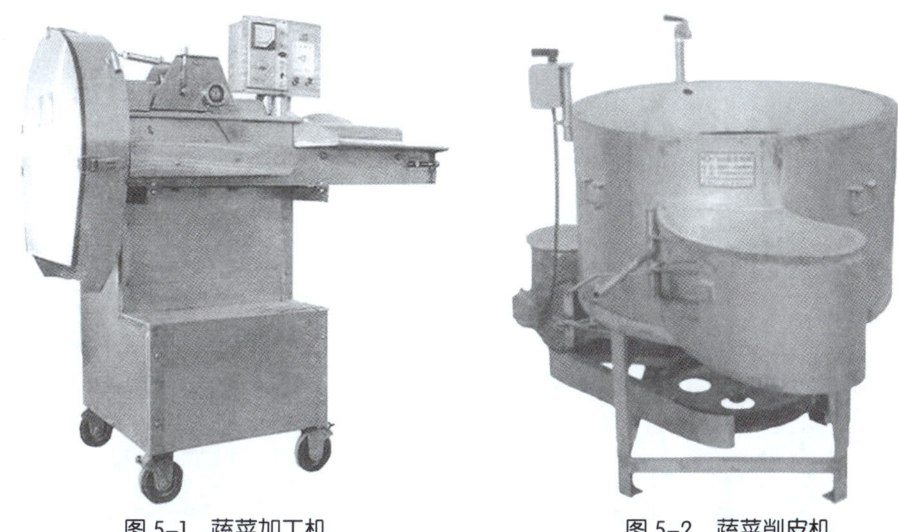

图 5–1　蔬菜加工机　　　　图 5–2　蔬菜削皮机

4. 食品切碎机

食品切碎机（见图 5–4）能快速进行馅料、肉类等的切碎、搅拌处理，不锈钢刀在高速旋转的同时，食物盆也在旋转，加工效率极高。食物及盆盖均可拆卸，便于设备清洗。该机在灌肠馅料、汉堡包料、各式点心馅料的加工搅拌方面十分便利。

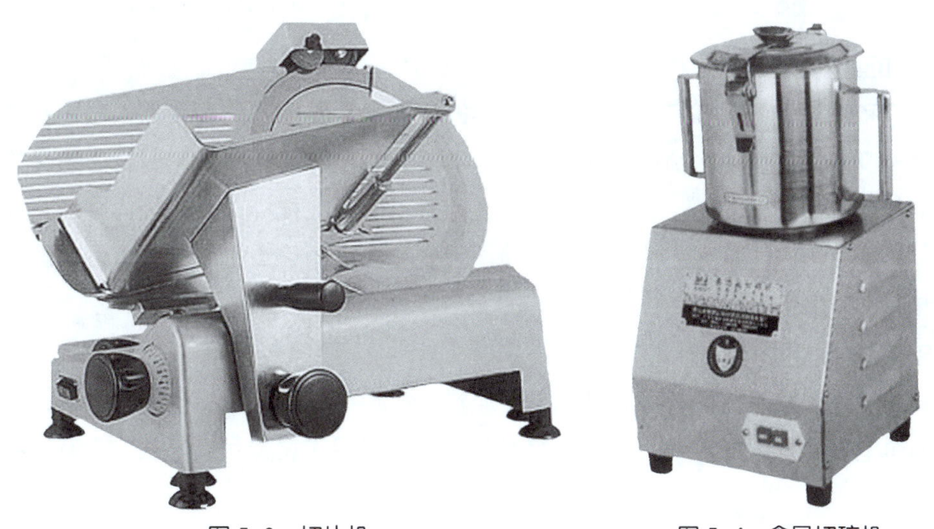

图 5–3　切片机　　　　图 5–4　食品切碎机

5. 锯骨机

锯骨机（见图 5–5）主要用于切割大块带骨肉类，如火腿、猪大排、肋排、带骨牛排、猪脚及冷冻的大块牛肉、猪肉等食品原料。

锯骨机是通过电动机带动环形钢锯条转动来切割食品的，是大型餐厅切配中心、加工厨房不可缺少的设备。西餐厨房在加工带骨牛排、西冷牛排、牛膝骨等原料时，锯骨机发挥作用极大。

6. 绞肉机

使用绞肉机（见图 5-6）时要先把肉分割成小块并去皮去骨，再由入口将肉投进绞肉机，启动机器后在孔格栅挤出肉馅，反复绞几次肉馅会更加细碎。该机还可用于绞切各种蔬菜、水果、干面包等，使用方便。

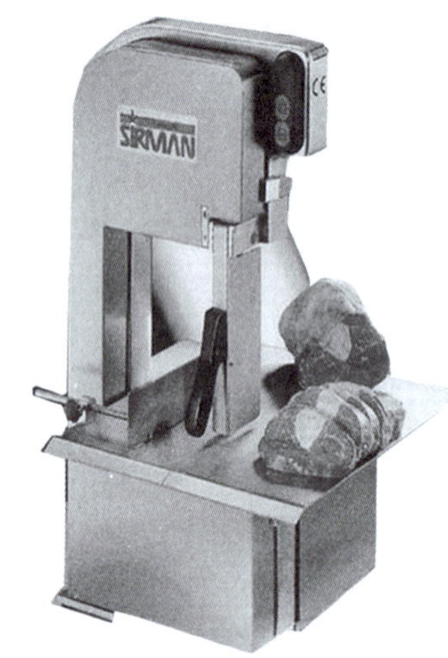

图 5-5　锯骨机

图 5-6　绞肉机

7. 和面机

使用和面机（见图 5-7）时应先清洗料缸，再把需要搅和的面粉倒入缸内，然后启动电动机，把足量的水徐徐加入缸内，合上盖开始搅和面团。出料时，必须在机器停止运转后方可取出面团。立式和面机的优点是，面团在搅拌时，作用力平稳，和面均匀，料缸易清洗，并且方便更换搅拌器。卧式和面机的优点是结构简单，一般大容量的和面机均采用卧式。

8. 多功能搅拌机

多功能搅拌机（见图 5-8）结构与普通搅拌机相似，可以更换多种搅拌头，适用搅拌原料范围广泛，如鸡蛋、面粉、馅料等，也可以用于搅拌西点奶油，具有多种用途。

9. 擀面机（压面机）

擀面机是将水面团、油酥面团等双向反复擀制，直到达到一定厚度要求的专用机械设备，具有擀制面皮厚薄均匀、成形标准、操作简便、省工省力、功效明显等特点。

图 5-7　和面机

图 5-8　多功能搅拌机

10. 面包分块搓圆机

面包分块搓圆机的作用是将已经发酵成功的面团进行分块与搓圆，具有分块均匀、搓成的面团圆而光滑、操作简单、工效高、劳动强度小等特点。

11. 馒头机

使用馒头机（见图 5-9）时，首先启动机器，然后将拌和好的面团均匀地投入送料器中，同时注意面团要靠近拨面叶，以保证连续供料及馒头坯重量的均匀，使用调节手柄可适当地控制馒头坯的重量。

12. 饺子机

使用饺子机（见图 5-10）前应对面团质量进行检查，面团中不得混有线头、小

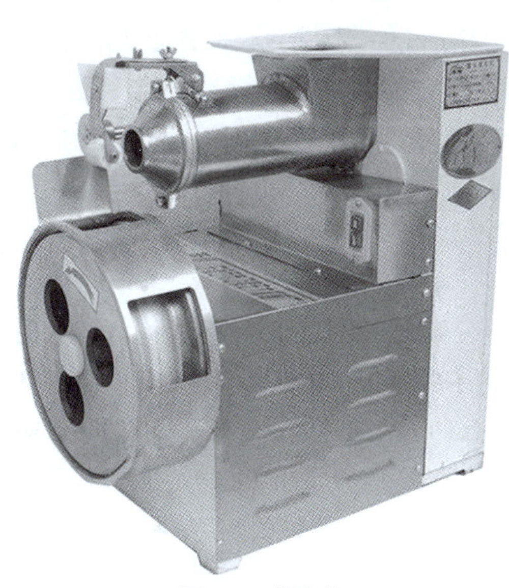
图 5-9　馒头机

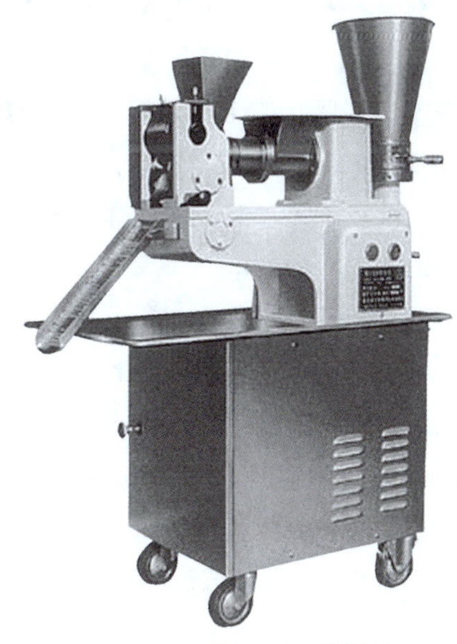
图 5-10　饺子机

颗粒等杂质，否则会破坏成形。馅料应搅拌均匀且不得有连接成串的肉筋，以防影响饺子的压合质量。饺子机工作时，先投入馅料，然后按饺子的规格调整控制供馅量的手柄，调整合适时再断开离合器手柄，使输馅螺杆暂停工作。接着投入面团，试包几个空心饺子，看饺子的压合效果并调整螺杆送面量的大小，调整合适后，合上输馅螺杆的离合器，即可开始正常工作。

二、厨房冷冻、冷藏设备

厨房冷冻设备有冷冻冰箱和冷冻保藏库等，温度大多设定在 –23~–18 ℃，主要用于较长时间保存低温冻结原料或成品。

厨房冷藏设备有冷藏冰箱和冷藏保鲜库等，温度大多设定在 0~10 ℃，主要用于短时间保鲜，可保藏一些蔬菜、瓜果、豆制品、奶制品等原料、半成品及成品。厨房冷冻、冷藏设备主要有以下几种。

1. 小型冷库

冷库是根据设定用来冷却、冷冻或冷藏各类食品，并保持食品原有的营养成分、色泽，防止腐败变质的专用制冷设备。按冷藏或冷冻温度的高低不同，冷库可分为高温冷库和低温冷库。

（1）高温冷库实际上就是冷藏间，温度一般为 0~10 ℃，主要储藏水果、蔬菜、蛋类、牛奶、熟食和啤酒等。

（2）低温冷库就是冷冻间，温度一般为 –23~–18 ℃，主要储藏肉类、鱼虾、家禽等。

例如，某五星级涉外旅游饭店拥有 800 多间（套）客房，中西风味餐厅 6 个，特大型及中、小型多功能厅 16 个，共 2 500 多个餐位。饭店设计配备冷藏库如下：食品冷冻库 4 座，共 108 立方米；酒水冷藏库 2 座，共 46 立方米；鲜花冷藏库 1 座，16 立方米；鲜奶冷藏库 1 座，12 立方米；鲜蛋冷藏库 1 座，16 立方米；鲜果冷藏库 1 座，24 立方米；鲜蔬保鲜库 1 座，80 立方米；饭店各烹调厨房均另设 1 座小型冷藏库，约 18 立方米。

2. 冷藏柜

厨房用的冷藏柜容量要比冷藏库小得多，但比家用电冰箱容积要大。冷藏柜占地面积小，使用方便，是厨房冷藏少量食品的主要设备。冷藏柜多为对开门或多门型，日常用的冷藏柜容积有 0.5 立方米、1 立方米、1.5 立方米、2 立方米和 3 立方米等。

冷藏柜按冷藏温度不同分为高温柜（–5~5 ℃）、低温柜（–18~–10 ℃）和冷冻柜（–18 ℃以下）。冷藏柜箱体负载较大，一般都用角钢和钢板焊接成箱架，箱体外壳用不锈钢板制作。

3. 电冰箱

（1）冷藏电冰箱仅用于冷藏食品，其冷藏室温度为 0~10 ℃，有的带有冷冻室，冷冻室温度一般为 -12~-6 ℃，可短期冷冻少量食品，并可制作少量冰块。

（2）冷冻电冰箱只有一个冷冻室，冰箱内的温度可以保持在 -18 ℃以下，可用于食品较长时间的冷冻。

（3）冷藏冷冻电冰箱是用途最广的电冰箱，由一个冷冻室和一个（或几个）冷藏室组成，既可冷藏食品，又可对食品进行冷冻，有的还有速冻功能。

4. 冷藏食品陈列柜

冷藏食品陈列柜实际上是冷藏电冰箱的一种，其特点是用特制玻璃制成门，可看见内部陈列的食品。有的陈列柜四周都用玻璃制成，并且内有可旋转的货架。冷藏食品陈列柜一般放在酒店、快餐厅等公共区域。

5. 全自动制冰机

全自动制冰机安装完成后，自动操作，当净水流入冰冻的倾斜冰板时，会逐渐冷却成为冰膜，当冰膜凝结到一定厚度后，恒温器会将冰层滑到具有加温功能的纵横网上，此网将冰层切成冰粒，这个步骤会不断重复，直至载冰盒装满冰粒为止，这时恒温器会自动停止制冰。当冰盒内的冰粒减少（融化或被取用），恒温器又会重新启动，恢复制冰。全自动制冰机如图 5-11 所示。

图 5-11　全自动制冰机

第三节　厨房加热及排烟设备

厨房加热设备主要是指以各种热能对原料进行烹调，使其由生到熟、由原料到成品的制作设备。

一、中餐菜肴、面点加热设备

1. 煤气炉具

煤气炉具是一种以城市煤气或液化石油气为燃烧介质的灶具，具有操作方便、安全、卫生的特点。煤气炉具形式多样，一般来说，凡是电热炉具有的各种加热功能，煤气炉具也都具备，煤气炉具可以进行烧、煮、煎、炸、烤等各种烹调操作。

（1）煤气炒炉

煤气炒炉是中餐厨师最常用的炉具，如图 5-12 所示。煤气炒炉火大，温度高，特别适合煎、炒、熘、爆、炸等烹制方法，故又称中式煤气炉。具有两组煤气喷头的煤气炒炉称为双头炒炉，具有三组煤气喷头的煤气炒炉称为三头炒炉，此外还有四头炒炉等。

（2）汤炉

汤炉是专门炖煮汤料的炉具，分双头汤炉（见图 5-13）、四头汤炉。汤炉的隔板是平的而且是方（长方）形的，故又称平头炉。由于汤锅（桶）较高，为便于操作，汤炉比较矮，且火力不大。

图 5-12 煤气炒炉

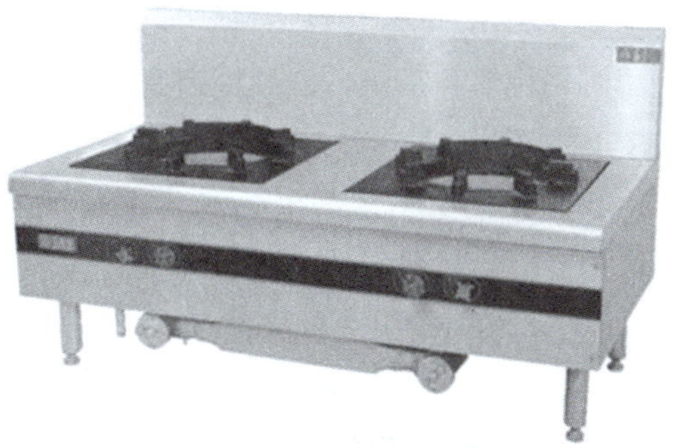

图 5-13 双头汤炉

（3）煤气油炸炉

煤气油炸炉是专门制作油炸食品的炉具，需使用配套的油炸锅，如图 5-14 所示。油炸锅有两种：一种是普通油炸锅，也就是敞开式油炸锅；另一种是压力油炸锅，可以在一定压力下进行食品油炸。油炸炉也有用电加热的，不论哪一种油炸炉，使用时要特别注意控制油温，检查温控器工作是否正常。在炸制食品时，操作人员不得离开现场，操作结束后必须确认熄火，或者关闭电源后才能离开。

图 5-14 煤气油炸炉

2. 蒸汽炉具

蒸汽炉具是利用锅炉房送出的蒸汽或炉灶自身产生的蒸汽加热食品的装置。蒸汽炉具构造简单，使用方便，但因蒸汽的温度较高，故用蒸汽加热烹调有一定的局限性。蒸汽炉具主要用于蒸煮食物和食品保温，如蒸菜、饭、馒头、包子，煮汤，烧开水，还可用于餐具消毒等。

（1）蒸汽夹层锅

蒸汽夹层锅包括两只锅，其中小锅装食品并套在大锅中，蒸汽由管道送入大锅中，对小锅中的食品进行加热。这种锅的体积较大，如图 5-15 所示。

图 5-15 蒸汽夹层锅

（2）蒸柜

蒸柜是一个密闭的柜子，内有蒸架，可一层一层地放置蒸盘，蒸柜多数用于蒸饭（当然也可以蒸菜等），故又称蒸饭柜，如图 5-16 所示。蒸汽来自锅炉房，由蒸汽管送入蒸柜，也可采用燃料加热，由蒸柜自身产生蒸汽，通过蒸柜阀门可控制蒸汽量。

3. 电热开水器

电热开水器多为不锈钢制造，产品已标准化，结构紧凑，质量可靠，使用方便，如图 5-17 所示。大多数电热开水器具有自动测温、控温、控水等功能，有的还配备缺水保护（发热管）装置。

图 5-16　蒸柜

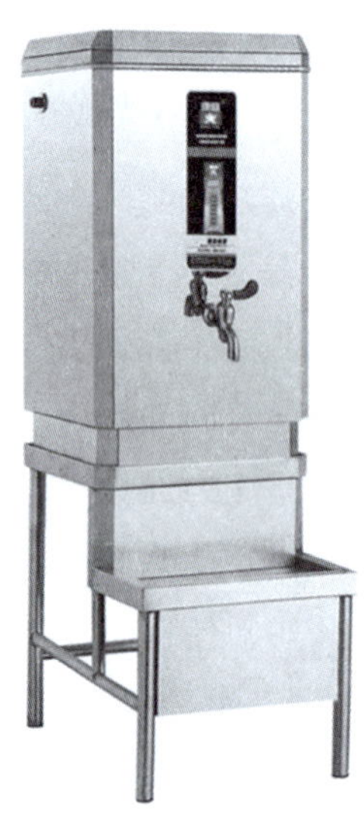

图 5-17　电热开水器

二、西餐菜肴、包饼加热设备

西餐由于特殊的成品风味及特点要求，其菜点的烹制加热设备也与中餐有所不同。

1. 扒炉

西餐厨房用的扒炉有电扒炉和煤气扒炉两种。电扒炉是使食品直接受热煎扒的加热设备，如图 5-18 所示。电扒炉通电后，食品直接平放在平面铁板上加热烹制。电扒炉的正面装有温度调节器，可以根据需要调节温度，主要用于煎扒肉类、海鲜类、鸡蛋等，也可用于制作铁板炒

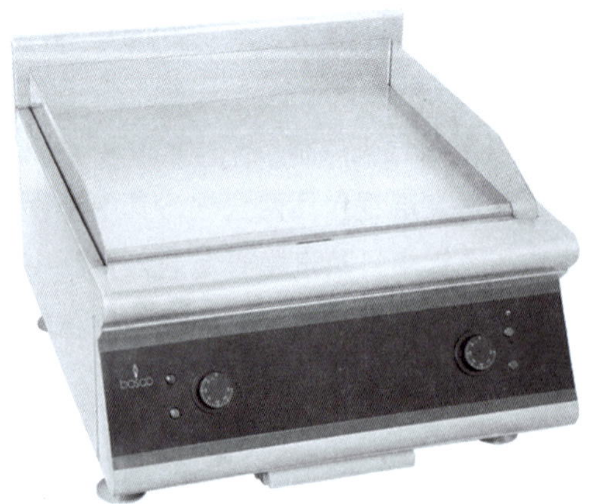

图 5-18　电扒炉

饭、炒面等食品，具有使用简便、省时省工、清洁卫生等特点，普遍用于西餐厨房等。煤气扒炉与电扒炉性能相似，只是安装方式和火力略有差别。

2. 电烤箱

电烤箱是使食品直接受热烘烤的加热设备。电烤箱的电阻以线圈状置于不锈钢管中，不锈钢发热器一般装在箱形容器内的上、下方，中间放置被烘烤的食物。电烤箱的外壳正面有耐热玻璃制作的门，还设有温度控制按钮，上、下发热器切换开关以及通电指示灯。电烤箱主要用于制作烤牛排、烤火鸡等大块肉类食品和烤山芋、烤土豆、烤面包、烤西饼、烤点心等。

电烤箱有以下几种类型：

（1）对流烤箱

该烤箱与其他烤箱的区别在于风机将热风快速送进烘烤箱内，食物放置在架子上，这样既有效地利用了烤箱的容积，又可加快烤制速度。

（2）多层烤箱

该烤箱由两层以上的烤箱叠置在一起，占地面积小，容量大，如图 5-19 所示。

（3）多士炉

这是专门烘烤即食面包的小烤箱，如图 5-20 所示。

图 5-19　多层烤箱

图 5-20　多士炉

3. 电面火烤炉

电面火烤炉又称为电焗炉，是使食品表面直接受热烘烤的加热设备，如图 5-21 所示。电面火烤炉的电阻丝以线圈形式装置于炉架的上半管中，通电后，电阻丝加热至火红，并由上下转动板调节食物与电阻丝之间的距离，从而达到控制烤制温度的目的。电面火烤炉的特点是食物上下可同时受热，便于表面上色。该炉广泛用于西餐焗制菜点、烘烤蒜茸面包等，是制作独特风味西餐的炉具之一。

4. 西式煤气平头炉连炬炉

西式煤气平头炉连炬炉主要由钢结构架、平头明火炉、暗火烤箱装置和煤气控制开关等构成，如图 5-22 所示。该炉有的还设有自动点火和温度控制等功能，具有热源强弱便于控制、使用方便、适于西餐多种烹调方法、易于清洁等特点，是西餐烹饪中必不可少的基本加热设备。

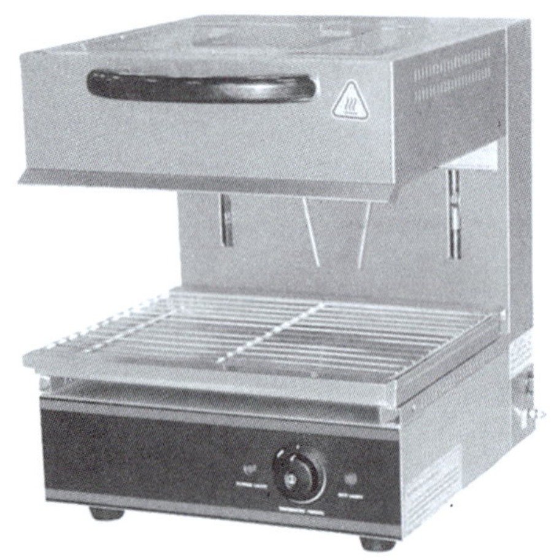
图 5-21　电面火烤炉

图 5-22　西式煤气平头炉连炬炉

5. 电温藏箱

电温藏箱既可给食品保温，又可在短期内防止食品变质。电温藏箱的原理很简单，依靠箱内安装的电热丝发热，由恒温器保持一定的温度，以热辐射的形式对食品保温。

6. 微波炉

微波炉的构造分为内、外两部分，如图 5-23 所示。外部包括微波炉的外箱及炉门，外箱用不锈钢合金制成，炉门是用双层透明玻璃中间加一层金属网构成，这样既能防止微波外泄，也可以从外部观察到食物烹调情况。使用微波炉时，将需烹调的食物盛放在微波炉内专用的盆或架子上，也可用塑料、玻璃和陶瓷等非金属材料制作的容器盛放，但不可用金属容器。食物若是冷冻的，要先解冻后才能烹调。微波炉一般设有自动解冻装置，解冻时只要按下控制板上的解冻按钮即可。烹调时，根据食物种类不同，调节控制板上的定时器，到达预定时间时，微波炉会自动终止烹调。

7. 电磁感应灶（电磁炉）

电磁感应灶就是利用电磁感应涡流发热的电炉，与其他的烹调灶具相比，具有热效率高、安全性能好（无明火）、控温准确、清洁方便等优点，如图 5-24 所示。电磁感应灶的输入功率可连续调节，以适于煮、炒、煎、炸等多种烹饪操作。

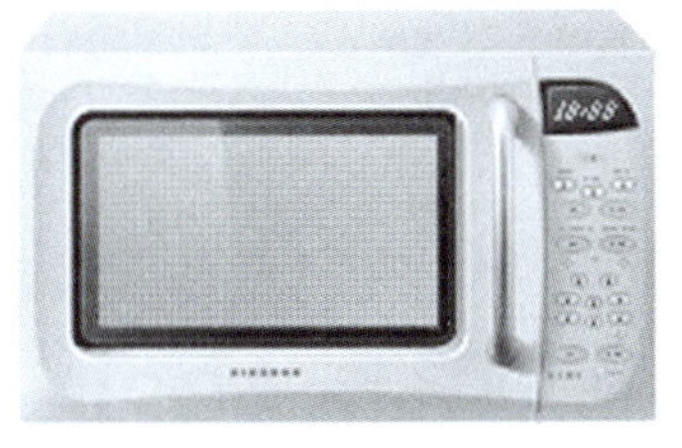

图 5-23　微波炉

图 5-24　电磁感应灶

三、抽排油烟设备

抽排油烟设备主要指将烹调时产生的烟气及时抽排出厨房的各类烟罩等，这些设备的正常运行是保证厨房内空气质量良好的基础。最简单的抽排油烟设备是排风扇，其特点是设备简单、投资少、排风效果较好，但容易污染环境。除了排风扇，滤网式烟罩也是常用的抽排油烟设备，投资不很高，排气效果好，排油烟也可，但清洗工作量大。比较先进的抽排油烟设备是运水烟罩。

运水烟罩是将厨房烹调时产生的油烟经加有清洁剂的水过滤后排放出去的设备，如图 5-25 所示。运水烟罩可以保持厨房空气清新，是新型环保型抽排油烟设备。运水烟罩具有以下特点。

1. 隔油效果可达 93%，隔烟除味效果可达 55%。

2. 由于有洒水系统将烟罩与排气道分离，避免火、热蔓延，因此，防火功能增强。

3. 初期投资较大，设备配套性好，用不锈钢制造，美观耐用，油污不易积聚，方便清洗，并能长期保持清洁卫生。

4. 水循环能有效降低炉灶及烟罩周围的温度，改善厨房的工作环境。

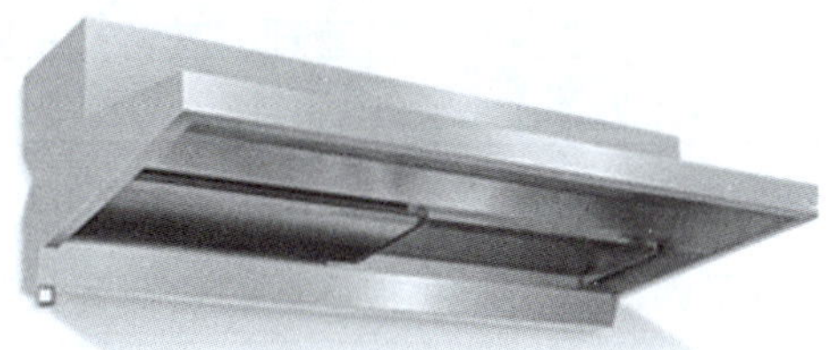

图 5-25　运水烟罩

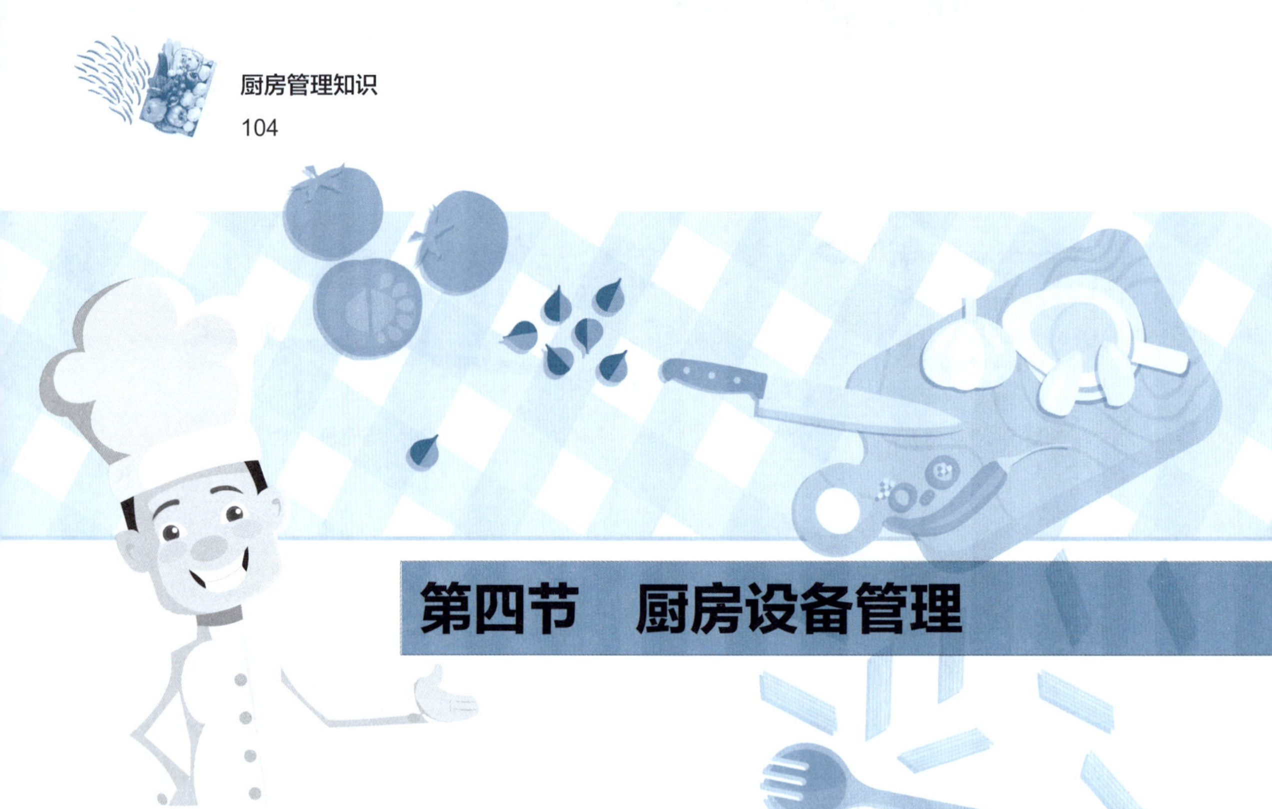

第四节　厨房设备管理

配备厨房设备是从事厨房生产的前提条件，设备运行良好则能保证厨房生产连续、有序进行，并在产生效益的同时，降低设备维修费用。厨房设备管理就是调动各方面积极因素，采取相应措施，主动对厨房使用的各类设备实施维护、保养，保持和提高设备完好率，便于厨房生产运作。

一、厨房设备管理的意义

厨房设备的有效管理不仅是餐饮企业从事正常生产的需要，同时还是保障员工生产安全、创造经济效益的需要。加强厨房设备管理，其意义主要有以下几项。

1. 良好的设备是员工与企业安全生产的前提

厨房设备良好运行，生产没有事故隐患，员工与企业的安全生产便有了保障。同样，良好的设备状况也减少了因设备陈旧、损坏或超负荷运作等导致的生产事故。

2. 设备的正常运行是有序从事厨房生产的基础

厨房生产是循环往复、周而复始的连续、不间断过程。有计划的原料加工、适当备料、一定量半成品的储存，为餐饮企业顺利开餐、及时满足顾客用餐需要提供了保证。所有这些都是建立在厨房设备良好运行基础之上的。因此，厨房设备的正常运行是厨房有计划安排加工生产、减少原料浪费、确保餐饮企业生产经营秩序的先决条件。

3. 加强设备管理是节省企业维修费用的关键措施

厨房设备维修费用实际是餐饮企业净利润的流失。厨房设备维修的频率、维修的程度是可以通过有效的厨房管理加以控制的。设备损坏、维修不仅增加了直接的维修费用、材料费用，而且增加了组织、购买材料的各项相关费用。因此，加强厨房设备管理，维持、提高设备完好率，对餐饮企业进行成本、费用控制是十分必要且相当有效的。

二、厨房设备管理的要求

厨房设备管理是一项日常性、长期性的管理工作，要使厨房设备管理起到应有的作用，必须综合做好以下几方面工作。

1. 制定设备管理制度

针对厨房生产及各岗位工作特点，制定切实、具体的设备管理制度，健全主要设备资料档案及操作规程，是厨房管理要做的基础工作。厨房设备种类不同、功能各异、使用频率也不一致，有的设备使用者也不固定，所以更需要有严格而明确的规章制度，使设备的使用、保养、维护都有章可循。

2. 制定设备操作、保养规程

每一台设备都有一定的操作规程，正确地使用设备，就必须按规定进行操作，严禁违章操作，因此，对每一台设备都应根据产品说明书制定操作使用规程。设备的操作使用规程一般包含以下几方面的内容：

（1）使用前的检查工作。

（2）操作使用程序。

（3）停机操作及检查程序。

（4）安全操作注意事项。

设备运行正常与否和设备使用寿命的长短不但与设备使用是否正确有关，还与设备平时的维护保养好坏有密切的关系。只使用却不注意保养是厨房设备常出故障、容易损坏的主要原因。因此，必须对每台设备制订详细的维护保养计划并按规程认真操作。厨房设备维护保养规程的主要内容包括设备的日常保养规程、设备的周期保养规程和设备的定期维修保养规程。

3. 明确设备管理责任

根据厨房设备使用部门、岗位及人员情况，进行合理、详细的分工，指定特定部门专人专岗负责某类或某台设备的管理工作。

4. 健全设备维修体系

厨房设备除了人为操作损坏，有些零部件是由于自身老化或磨损等缘故而必须更换或维修的。理顺厨房设备报修渠道，及时对有问题的设备进行科学修理，不仅是维持正常厨房生产的需要，而且可以减少因维修不及时而导致设备损坏程度加重、维修时间延长和维修费用增加等问题。

5. 适时更新添置设备

积极、适时为厨房更新或添置功能先进、操作便利的生产设备，不仅可以减轻厨师劳动强度，提高厨师劳动积极性，而且可以防止因原有设备的老化或超限使用而妨碍厨房生产效率、出品质量，同时还能节省频繁维修设备产生的高额费用。

三、厨房设备管理的原则

厨房设备管理应以方便生产、减少损坏、保持设备完好率为原则，具体包括以下几方面。

1. 预防为主

对厨房设备故障应贯彻预防为主的原则，平时多检查，定期做保养，用时多留心，切实做到维护、使用相结合，并强化例行检查、专业保养的职能，维持设备完好率，尽可能减少设备损坏现象。

2. 属地定岗

厨房设备责任管理应以设备所在地为依据，尽量明确附近岗位。员工下班应对责任区内设备进行检查，确认设备情况，并主动接受厨房管理人员的督导。

3. 追究责任

厨房设备损坏后应及时进行维修，并调查设备的损坏原因，对人为损坏设备的当事人应进行严肃批评、重点培训，甚至要求直接责任人承担赔偿责任。不计成本、不断重复的维修对餐饮企业、员工和厨房风气的培养都是不利的。

四、厨房设备使用管理要点

在遵循设备管理原则的基础上，对不同类型的厨房设备，应采取相应的管理方法。

1. 冷藏设备使用管理要点

（1）电源电压不能过低，若电源电压过低，电动机的转矩会减小，进而造成电动机难以启动。电源电压的上下波动一般不应超过 5%。

（2）冰箱工作一段时间后，冷冻室内外会结一层凝霜，它像一层棉被，覆盖了冷冻室壁的吸热管，影响了管道对周围热量的吸收。因此，冰箱必须定期除霜。

（3）不得将热食品或其他高温物品放入冰箱，否则会使冰箱内温度骤然升高，造成压缩机长时间运转，不仅耗电，而且热蒸汽还会使冷冻室结霜速度加快。

（4）严禁碰损制冷管道系统。冰箱制冷管道系统长达数十米，其中有些细管外径非常细，拆装或搬运时不慎碰撞，都可能造成管道破损、开裂，使制冷剂泄漏。

（5）冷藏设备在运行中不得频繁切断电源。

（6）易冻结物品应用铁架放置。发生冻结现象时，如不急用可通过除霜将物品取出，如急用则可用温水毛巾局部加热，将冻结部位化开后再取出。

（7）运行中的冰箱应尽量减少开门次数，频繁开箱门或开箱门的时间过长、箱门关闭不严，都会使箱内冷空气大量逸出，造成压缩机运转时间过长或不易制冷。

（8）冷藏冰箱内不宜存放酸、碱和腐蚀性化学物质，不得存放挥发性大、有怪味的物品。

2. 蒸汽炉具的使用管理要点

（1）蒸汽炉具使用注意事项

1）使用前要检查蒸汽阀门是否完好，出汽孔是否畅通，压力表是否正常。

2）严格按照操作规程使用蒸汽炉具。

3）加热结束，关闭蒸汽阀，如果炉具内还有压力，一定要等压力降到零后才能开锅（箱）取物。

4）每班结束前做好清洁工作。

（2）蒸汽炉具维护保养注意事项

1）定期检查蒸汽管道的保温层情况。

2）每周检查阀门填料是否松动，阀门是否漏气，发现漏气应及时调整检修。

3）每周检查减压阀，清除减压阀上的污垢，保持正常工作。

3. 电烤箱的使用管理要点

（1）要依据食物的种类选择烹调温度。

（2）在铁丝架上烧烤食物时，如果有碎屑或油汁滴下，必须在下面用烤盘收集。

（3）电烤箱内部及下面透视镜上的污物必须以湿布蘸中性洗涤剂轻擦，不可用硬物、酸、碱等擦拭。需要注意的是，电烤箱的内表面兼作热量反射板用，若不干净或受损将影响热反射效率，不但使烘烤时间增加，而且影响烘烤效果。

（4）烘烤食物时，应等烤箱达到一定温度后再将食物放入烤箱内，然后检查箱门是否关严，不要时常打开箱门。

（5）电烤箱要避免受潮，应远离水池。

（6）电烤箱每天都应清洗。外壳污渍可用软布蘸肥皂水擦拭，再用干布擦拭；烧盘、烤架可用肥皂水清洗后，再用干布擦拭。不可用金属器具刮除烤盘、烤架上的残留污物。

（7）应每半年检查一次电气线路绝缘状况，检查接地是否良好，烤箱门关闭是否严密。有风机的电烤箱每季度要给传动部分加油润滑 1 次。

4. 电温藏箱的使用管理要点

（1）电温藏箱温度要适宜，一般设定为 65 ℃。如果低于 65 ℃，有些食品会比放在箱外腐败更快，而温度太高易使食品脱水干燥，所以建议在电温藏箱里放一些水，增加湿度。

（2）为防止互相串味，有异味的食品应该用食品保鲜膜包好再放入电温藏箱，箱内要经常擦拭，防止细菌污染。

（3）不可用水冲洗电温藏箱，因电气部分和箱体必须防水，充填的保温材料均须防水。

5. 微波炉的使用管理要点

（1）微波炉在没有加热食物时，不能通电空烧，否则，会由于微波无处吸收而损坏温控管。

（2）放入炉膛内盛放食物的器皿必须是非金属材料制成的。

（3）不可用水冲洗微波炉，因电气部分和箱体必须防水。

（4）冷冻食物应先解冻后方可烹调，以免烹调后食物内外成熟程度不同。食物放入炉里时，还应注意大小、厚薄不要过分悬殊，以免影响烹调效果。

（5）开启和关闭炉门时动作要轻，避免用力过度使密封装置受损，造成微波泄漏或炉门使用寿命缩短。若有尘埃或油污等沾染炉门，应及时清除。

（6）微波炉要安放在干燥平坦处，与墙壁保持 15~30 厘米的距离，并要远离火炉及水源。

（7）加热密封的罐头食品时，必须先将盖子打开，否则罐头会在炉内炸裂。

6. 电磁感应灶的使用管理要点

（1）使用前应先检查设备额定电压与电源电压是否一致，若不一致，要用变压器调节一致后方可使用。

（2）电磁感应灶的加热板虽然由硬质耐热塑料和高强度陶瓷板制成，但也有发生裂纹的可能，在使用过程中要防止尖硬物体碰撞。一旦加热板受损，则应立即断电修复，防止水从裂缝中渗入灶内，引起短路和触电事故。

（3）电磁感应灶在使用过程中不要靠近其他热源体，更不得在潮湿环境中使用，以免影响绝缘性能和正常工作。

（4）电磁感应灶与墙壁之间的距离要大于 10 厘米，以免影响散热。

（5）对电磁感应灶进行清洁时，应使用中性洗涤剂擦拭，以免影响产品外观和内部电路装置。

（6）电磁感应灶在使用时，发射出的电磁波会向周围扩散，所以其周围 3 米以内最好不要开收音机和电视机，灶具使用完毕后应及时切断电源。

7. 绞肉机的使用管理要点

绞肉机使用后务必清洗干净，然后要放在通风处吹干。绞轴、剪切栅、绞刀、孔格栅应拆下清洗，干燥后再安装好。

8. 制冰机的使用管理要点

（1）使用前检查设备是否完好。

（2）制冰前，先做好卫生消毒工作，然后再打开电源制冰。

（3）停止使用时，应先切断电源，再做清理工作。

（4）定期请专业人员对设备进行保养。

思考与练习

1. 简述厨房设备的定义。
2. 简述厨房设备选择的原则。
3. 简述厨房设备管理的意义与要求。
4. 简述厨房设备管理的原则。
5. 简述厨房主要设备的种类和特点。
6. 根据厨房设备管理原则与要求，试制定一份简要的厨房设备管理制度。

第六章
厨房生产管理

学习目标

1. 了解原料加工管理的内容。
2. 了解菜肴配份、烹调与开餐管理的内容。
3. 掌握冷菜、点心生产管理方法与配份质量管理方法。
4. 掌握标准食谱的制定程序与要求。

厨房产品大多经过多道工序才能生产出来。各个工序、工种、工艺密切配合，按序操作，按规格出品，构成了厨房生产的主要流程。概括地讲，厨房生产流程主要包括加工、配份、烹调三大阶段，加上点心、冷菜这两大相对独立的生产环节，便构成了生产流程管理的主要对象。针对厨房生产流程不同阶段的特点，明确制定操作标准、规定操作程序、健全相应制度，及时灵活地对生产中出现的各类问题加以协调督导，是厨房生产管理的主要工作。

第一节　原料加工管理

加工阶段包括原料的初加工和深加工。初加工是指对冰冻原料进行解冻，以及对鲜活原料进行宰杀、洗涤和初步整理，而深加工则是指对已经过初加工的原料的切割成形和浆腌工作。加工阶段的工作是整个厨房生产制作的基础，其出品规格、质量和时效对后续阶段的厨房生产会产生直接影响。除此以外，加工质量还决定原料出净率的高低，它与厨房成本的控制也有较大关联。

一、加工质量管理

加工质量主要包括冰冻原料的解冻质量、原料的加工出净率和原料的加工规格标准等几方面。冰冻原料解冻即采取适当方法使冰冻状态的原料恢复新鲜、软嫩的状态，以便于烹饪。冰冻原料解冻时要尽量减少汁液流失，保持其风味和营养，解冻时必须注意以下要点。

1. 原料的解冻质量

（1）解冻媒质温度要尽量低

用于解冻的空气、水等，温度要尽量接近冰冻物的温度，使其缓慢解冻。解冻时可将原料适时提前从冷冻库领至冷藏库进行部分解冻。将原料置于空气或水中解冻时，要力求将空气、水的温度降至 10 ℃以下（如用碎冰和冰水等解冻）。切不可操之过急，将冰冻原料直接放在热水中解冻，会造成原料外部未经烧煮已半熟，使原料内外的营养、质地、感官质量都受到破坏。

（2）被解冻原料不要直接接触解冻媒质

冰冻保存原料的目的主要是抑制其内部微生物活动，以保证其质量。解冻时，微生物随着原料温度的回升而渐渐开始活动，加之解冻需要一定的时间，解冻原料无论是暴露在空气中，还是在水中浸泡，都易造成氧化、被微生物侵袭和营养流失。因此，若用水解冻时，最好用聚乙烯薄膜包裹解冻原料，然后再进行水泡或水冲解冻。

（3）外部和内部解冻所需时间差距要小

原料解冻时间越长，受污染的机会越大，汁液流失的数量就越多。因此，在解冻时，可采用勤换解冻媒质的方法（如经常更换用于解冻的碎冰和冰水等），缩短解冻物内外解冻的时间差。

2. 原料的加工出净率

原料的加工出净是指有些完整、没有经过分档取料的毛料，需要在加工阶段进行选取净料（剔除废料、下脚料）处理。原料的加工出净率是指加工后可用于做菜的净料占未经加工的原始原料重量的百分比。出净率越高，原料的利用率越高；出净率越低，菜点单位成本就越高。因此，把握和控制加工出净率是十分重要的。具体可以采用对比考核法，即对每批新使用的原料进行加工测试，测定出净率后，再交由加工厨师或助手操作。在加工厨师操作过程中，对领用原料和加工成品分别进行称量计重，随时检查是否达标，未达标的则要查明原因。如果因技术问题造成未达标，要及时采取有效的培训、指导等措施；若是工作态度问题，则更需强化检查和督导。同时，可以经常检查下脚料和垃圾桶中是否还有可用原料未被利用，提高员工对加工出净率的重视程度。

3. 原料的加工规格标准

原料加工质量直接关系到菜点成品的色、香、味、形及营养和卫生状况。因此，除了控制加工原料的出净率，还需要严格把握加工品的卫生指标和规格标准，不符合要求的加工品禁止流入下道工序。加工原料的洗涤是厨房产品卫生的基础。原料洗涤不净，不仅有损菜点味道，甚至会引起顾客的不满和投诉。比如，杀鱼时未洗净，该去鳞的鱼未去净鱼鳞等。这些问题既会影响成菜的色泽，又会影响菜点的味道。有些蔬菜洗涤不充分、不彻底，可能夹杂有泥沙甚至蝇虫的幼虫，而后期的配份、烹制很难发现菜中有异物，这就为出品质量留下了隐患。原料加工的所有任务分工要明确，一方面是为了分清责任，另一方面可以提高厨师专项技术的熟练程度，有效保证加工质量。原料加工规格明确、精细，加工成品整齐一致，为厨房菜点口感和品相的一致提供了前提。加工规格标准的一致不仅指原料的刀工成形，即片、丝、块、条、段等均匀整齐，而且原料上浆腌制的规格也必须一致。应尽量使用机械切割原料，以保证加工成品规格标准一致。

二、加工数量管理

原料的加工数量主要取决于厨房配份等岗位销售菜点、使用原料的数量。加工数量应以销售预测为依据，以满足生产为前提，留有适当的储存周转量，避免加工过多而造成质量下降。

厨房原料加工数量的控制是厨房管理的重要基础工作。加工多了，经营使用过剩，加工成品原料质量急剧下降，甚至成为垃圾被废弃；加工少了，经营使用断档，开餐期间难免出现混乱、尴尬的现象。加工原料数量的确定和控制如下：

1. 各配份、烹调厨房根据下餐或次日预订和顾客情况预测，提出加工成品数量要求，并将填制好的加工原料订单（见表 6–1）提交加工厨房。

表 6–1　　加工原料订单

订料时间：　　　　交料时间：

品名	单位	数量	实发量	备注
猪肉片	千克			
猪肉丝	千克			
猪肉丁	千克			
鸡片	千克			
鸡丁	千克			
鱼片	千克			
鱼丝	千克			
开片虾	千克			
土豆条	千克			
土豆丝	千克			
（豆腐）干丝	千克			
笋丝	千克			
菜心	千克			
黄豆芽	千克			

订料部门：　　　　订料人：　　　　发料人：

注：表内品种为举例品种，使用时根据经营菜单调整。

2. 加工厨房收集、分类汇总各配份厨房加工原料，按各类原料出净率、涨发率计算原始原料（即市场可购买状况原料）的数量，作为向仓库申领或向采购部门申购的

依据。此申购总表必须经总厨师长审核，以免过量进货或进货不足。待原料进入本企业之后，再经加工厨房分类加工，继而根据各配份、烹调厨房预订情况，进行加工成品原料的分发。这样可较好地控制各类原料的加工数量，及时周转发货，保证厨房生产的正常进行。

三、加工工作程序与标准

加工阶段的工作除包括对原料进行初加工和深加工之外，一般还包括厨房水产品的活养。

1. 禽类原料加工程序

（1）标准与要求

1）杀口适当，血液放尽。

2）羽毛去净，洗涤干净。

3）内脏、杂物去尽，物尽其用。

（2）步骤

1）备齐待加工禽类原料，准备用具、盛器。

2）将禽类原料按烹调需要宰杀煺毛。

3）根据不同烹调要求进行分割，洗净沥干。

4）将加工后的禽类原料交切割岗位切割。

5）将切割后的禽类原料交浆腌岗位浆腌或根据需要用保鲜膜封好，放置在冷藏库中的固定位置，留待取用。

2. 肉类原料加工程序

（1）标准与要求

1）用肉部位准确，物尽其用。

2）污秽、杂毛、筋膜剔尽。

3）分类整齐，成形一致。

（2）步骤

1）备齐待加工肉类原料，准备用具和盛器。

2）根据菜点烹调规格要求，将所用的猪、牛、羊等肉类原料进行洗涤和切割。

3）将加工后的肉类原料交浆腌岗位浆腌，剩余部分用保鲜膜封好，分别放置在冷藏库中的规定位置，留待取用。

3. 水产类原料加工程序

（1）标准与要求

1）鱼。除尽污秽、杂物、内脏，去鳞则去尽，留鳞则完整，血放尽，鳃除尽。

2）虾。去尽须壳、泥肠、脑中污沙等。

3）河蟹。将整只河蟹刷洗干净，捆扎整齐；剔取蟹粉，肉、壳分清，壳中不带肉，肉中无碎壳，蟹肉与蟹黄分别放置。

4）海蟹。去尽腹脐等不能食用部分。

（2）步骤

1）备齐待加工水产品，准备用具及盛器。

2）对虾、蟹、鱼等原料进行宰杀加工，洗净沥干，交切割岗位切割。

3）剔蟹粉的蟹需蒸熟，再分别剔取蟹肉、蟹黄，用保鲜膜封好，入冷藏库待领。

4）清洁场地，清运垃圾，整理、保管用具。

4. 蔬菜类原料加工程序

（1）标准与要求

1）无老叶、老根、老皮及筋络等不能食用部分。

2）修削整齐，符合规格要求。

3）无泥沙、虫卵，洗涤干净，沥干水分。

4）合理放置，不受污染。

（2）步骤

1）备齐、备足待加工蔬菜，准备用具及盛器。

2）按烹制菜点要求对蔬菜进行拣择或去皮，或择取嫩叶、菜心。

3）分类洗涤蔬菜，保持其完好，沥干水分，置于盛器内。

4）交烹调厨房领用或送冷藏库暂存待用。

5）清洁场地，清运垃圾，整理、保管用具。

5. 原料切割工作程序

（1）标准与要求

1）大小一致，长短相等，厚薄均匀，放置整齐。

2）用料合理，物尽其用。

（2）步骤

1）备齐待切割的原料，化冻至可切割状态，准备用具及盛器。

2）对待切割原料进行初步整理，铲除筋、膜、皮，斩尽脚、须等。

3）根据不同烹调要求，分别对畜、禽、水产品、蔬菜类原料进行切割。

4）区别不同用途和领用时间，将已切割原料分别包装冷藏或交上浆岗位浆制。

5）清洁工作区域及用具，妥善收藏剩余原料，清运垃圾。

6. 加工原料上浆工作程序

（1）标准与要求

1）调味品用料合理，用量准确。

2）浓度适当，色泽符合菜点要求。

（2）步骤

1）将待上浆原料进行解冻，化至自然状态。

2）领取、备齐上浆用调味品，清洁整理上浆用具。

3）对白色菜点的上浆原料进行漂洗。

4）将原料沥干或吸干水分。

5）根据烹调菜点要求，对不同原料按浆腌用料规格分别进行浆制。

6）把已浆制好的原料放入相应盛器，用保鲜膜封好后，入冷库暂存留待领用。

7）整理上浆用调味品及其用料，清洁上浆用具并归位，清洁工作区域，清运垃圾。

7. 水产原料活养程序

（1）标准与要求

1）原料鲜活无死货，特别是鳝鱼、河蟹等水产原料必须保持鲜活。

2）水质清澈无杂质。

3）温度适宜，供氧充足，通风光线适当。

（2）步骤

1）打开水箱网罩，检查在养水产原料的成活情况，拣出将死或已死水产原料进行相应处理。

2）视情况为水箱、水池换水，检查增氧泵工作情况，加盖网罩并上锁。

3）检查水温，采取相应措施保证水温达到活养要求。

4）去除新购进鲜活水产原料中的杂物，及时放进相应的活养水箱及容器。

5）捞取或销售活养水产品时，随用随取，多取的水产品及时放回，保持水箱及容器的整洁。

第二节　菜肴配份、烹调与开餐管理

菜肴配份与烹调同在一间厨房，是热菜的成熟、成形阶段。配份与烹调虽属两个岗位，但联系相当密切，沟通特别频繁，常常是厨师长在开餐期间最为关注的岗位。

一、配份数量与成本控制

菜肴配份是指根据标准食谱将菜肴的主要原料、配料及料头（又称小料）进行有机搭配、组合，提供给炉灶岗位进行烹调。配份阶段是决定每份菜肴用料及成本的关键。因此，配份阶段的控制既是保证出品质量的需要，也是经营盈利所必需的。原料通过加工、切割、上浆，到配份岗位其单位成本已经很高。配份时如果疏忽大意，或者大手大脚，使原料大量流失，菜肴成本居高不下，就为成本控制平添诸多麻烦。因此，配份的数量控制至关重要，其主要手段是充分依靠、利用标准食谱规定的配份规格，养成用秤称量、论个计数的习惯，这样，既可以切实保证就餐顾客的利益，也有利于塑造良好的产品形象和餐饮声誉。

二、配份质量管理

菜肴配份首先要保证不同顾客点同一种菜点时，其原料配比必须相同。例如，同一家餐厅中，前后两位顾客点“三鲜汤”，一厨师为第一位顾客配了鸡片、火腿、冬笋片，价格较高，口味鲜美；另一厨师为第二位顾客配了青菜、豆腐、鸡蛋皮，色彩悦目，成本低廉。厨师用心皆良，操作不错，可顾客为之纳闷，颇感不悦。厨房管理者更是不快——质量难保，成本难控。可见，配份不一不仅影响菜肴的质量，而且还影响餐饮企业的社会效益和经济效益。按标准食谱进行培训，统一配菜用料，加强岗位监督检查，可有效防止随意配份现象的发生。

配份岗位操作同时还应考虑烹调操作的方便性。因此，每份菜肴的主料、配料、料头（小料）配放要规范，即分别使用各自的器皿，三料三盘，这样做方便烹调岗位操作，也可提高出品速度和质量。配菜时还要严格防止和杜绝配错菜（配错餐桌）、配重菜和配漏菜现象出现。一旦出现上述疏忽，既打乱了整个出菜次序，又妨碍了餐厅的正常操作，这在开餐高峰期是很被动的。控制和防止错配、漏配的措施主要有两条：一是制定配菜工作程序，理顺工作关系；二是健全出菜制度，防止有意或无意错配、漏配现象发生。

1. 料头准备工作程序

料头又称小料，即配菜所用的葱、姜、蒜等辅助配料，其块型大多较小。虽然这些小料用量不大，但在配菜与烹调之间起着无声的信息传递作用，可以避免错乱的发生，在开餐高峰期尤其如此。例如，“红烧鱼”“干烧鱼”“炒鱼片”分别用葱段、葱花、马蹄葱片和姜片、姜米及小姜花片，这既不用口头交代，又一目了然。料头的准备工作在开餐前由配菜师根据需要完成。

（1）标准与要求

1）大小一致，形状整齐美观，符合规格要求。

2）数量适当，品种齐备，满足开餐配菜需要。

（2）步骤

1）领取、洗净各类料头用料，分别定位存放。

2）根据烹调菜肴需要，按切配料头规格对原料进行切制，切制料头规格见表 6–2。

表 6–2　　切制料头规格

料头名称	用料	切制规格要求	配制菜肴
葱段	青葱	5 厘米长	红烧鱼、葱烧海参
蝴蝶姜花	生姜	3.5 厘米 ×2.5 厘米 ×0.15 厘米	炒鱼球、爆鸡柳
……			

3）根据性质和用途不同，分别将切好的料头干放或水养（放在水中保管），置于固定器皿中或固定位置，并用保鲜膜封好。

4）清洁砧板、工作台，将用剩的料头原料放回原位。

5）开餐时，揭去保鲜膜，根据配菜要求分别取用各种料头。

2. 配份工作程序

（1）标准与要求

1）配份用料品种、数量符合规格要求，主、配料分别放置。

2）接受零点订单后 5 分钟内配齐菜肴，宴会订单菜肴提前 20 分钟配齐。

（2）步骤

1）根据加工原料申请订单领取加工原料，备齐主料和配料，并准备配菜用具。

2）对菜肴配料进行切割，部分主料根据需要加工。

3）对水养原料进行换水处理。

4）对当日用已涨发好的干货进行洗涤、改刀，交炉灶岗位焯水后备用。

5）备齐开餐用各类配菜筐、盘，清理配菜台和用具，准备配菜。

6）接受订单，按配份规格配制各类菜肴主料、配料及料头，置于配菜台出菜处。

7）开餐结束，交代值班人员做好收尾工作，将剩余原料分类储藏，整理冰箱、冷库。

8）清点下餐、次日预订客情通知单，结合零点客情分析，计划用料量并向加工厨房预订下餐或次日需补充已加工原料。

9）清洁工作区域，将用具放在固定位置。

3. 配菜出菜制度

（1）案板切配人员随时负责接收和核对各类出菜订单。餐厅的点菜订单必须盖有收银员的印记。宴会和团体餐单必须是宴会预订部门或厨师长开出的正式菜单。

（2）配菜岗位凭单按规格及时配制，并按先接单先配、紧急情况先配、特殊菜肴先配的原则处理，保证及时上火烹制。

（3）配菜必须准确及时，前后有序，菜肴与餐具相符，成菜及时送至备餐间，提醒跑菜人员取走。

（4）点菜从接收订单到第一道热菜出品不得超过 10 分钟，冷菜不得超过 5 分钟。如果因配菜误时耽误出菜引起顾客投诉，由当事人负责。

（5）所有出品订单、菜单必须妥善保存，餐毕及时交厨师长备查。

（6）炉灶岗位对打荷岗位所递菜肴要及时烹调，对所配菜肴规格质量有疑问者要及时向切配岗位提出，并妥善处理。烹制菜肴先后次序及速度服从打荷岗位安排。

（7）厨师长有权对出菜手续、菜肴质量进行检查，如有质量不符或手续不全，有权退回并追究责任。

三、烹调质量管理

在烹调阶段，烹调厨师将已经配好份的主料、配料、料头按照烹调程序进行烹制，使菜肴由原料变成成品。烹调阶段是确定菜肴色泽、口味、形态、质地的关键。这一阶段控制得好，就可以保证出品质量和出菜节奏，控制不力，会造成出菜秩序混乱，菜肴回炉返工率增加，顾客投诉增多，切不可掉以轻心。

烹调岗位管理主要应从烹调厨师的操作规范、出菜速度、成菜口味、质地、温度，以及对失手菜肴的处理等几方面加以督导、控制。首先应要求厨师服从打荷派菜安排，按正常出菜次序和顾客要求的出菜速度烹制出品。在烹调过程中，要督导厨师按规定操作程序进行烹制，并按规定的调料比例投放调料，不可随心所欲。尽管在烹制某种菜肴时，不同厨师有不同做法，或各有“绝招”，但要保证整个厨房出品质量的一致性。以“凤梨猪肝”为例，猪肝切片后有人喜欢过油处理，有人则习惯于焯水处理，尽管出菜都能达到熟、嫩的效果，但口感、质感是不一样的。一家饭店中，一道菜肴只能以一个风格、一种面貌出现。另外，控制炉灶每次的烹制量也是保证出品质量的重要措施。应坚持少炒勤烹的原则，这样既能做到出品及时，又可避免因炒熟后分配不均而产生误会和麻烦。因此，开餐期间，尤其要加强对炉灶烹调岗位的现场督导管理，既要控制出菜秩序和节奏，又要保证成菜及时，以合适的温度、应有的香气、适宜的口味服务顾客。

四、烹调工作程序

烹调岗位及相关工作程序主要包括打荷、盘饰用品制作、大型餐饮活动厨房餐具准备、炉灶烹调和口味失当菜肴退回厨房的处理等。

1. 打荷程序

（1）标准与要求

1）台面清洁，调味品品种齐全，排列有序。

2）吊汤原料洗净，吊汤用火恰当。

3）餐具种类齐全，盘饰花卉数量适当。

4）分派菜肴给炉灶烹调恰当，符合炉灶厨师技术特长或岗位分工。

5）符合出菜顺序，出菜速度适当。

6）餐具与菜肴相配，盘饰菜肴美观大方。

7）盘饰速度快捷，形象美观。

8）打荷台面干爽，剩余用品收藏及时。

（2）步骤

1）清理工作台，取出、备齐调味汁及糊浆。

2）领取吊汤用料，并进行吊汤。

3）根据营业情况备齐餐具，领取盘饰用花卉。

4）传送、分派各类菜肴给炉灶厨师烹调。

5）为烹调好的菜肴提供餐具，整理菜肴，进行盘饰。

6）将已装饰好的菜肴传递至出菜位置。

7）清洁工作台，用剩的装饰花卉、调味汁和糊浆要进行冷藏，餐具放归原位。

8）清洗、消毒、晾挂抹布，关、锁工作门柜。

2. 盘饰用品制作程序

（1）标准与要求

1）盘饰花卉至少有 8 个品种，数量足够。

2）每餐开餐前 30 分钟备齐。

（2）步骤

1）领取备齐食品雕刻用原料及番茄、香菜等盘饰用蔬菜。

2）清理工作台，准备各类刀具及盛放花卉用盛器。

3）根据装饰点缀菜肴需要，运用各种刀法雕刻一定数量、不同品种的花卉。

4）整理、择取一定数量的番茄、香菜等盘饰用蔬菜的头、蕊、叶等，置于盛器中，留待盘饰时使用。

5）用保鲜膜将雕刻、整理好的花卉及蔬菜封盖好，集中置于低温处，供开餐打荷使用。

6）清理、保管雕刻刀具、用具，用剩原料放归原位，清洁整理工作岗位。

3. 大型餐饮活动厨房餐具准备程序

（1）标准与要求

1）餐具规格数量符合盛菜要求。

2）摆放位置合适，取用方便。

（2）步骤

1）根据大型餐饮活动菜单，分别列出各类餐具名称、规格、数量。

2）向餐务部门提出所需餐具的数量及提供时间。

3）分别领取各类餐具，根据用途分类，并集中放于冷菜间、热菜出菜台及其他合适位置。

4）与菜单核对，检查所有菜肴品种是否都有相应餐具，拾遗补漏。

5）取保鲜膜或洁净台布将餐具遮盖住，防止灰尘污染或被随意取用。

6）大型餐饮活动开始后，揭去保鲜膜或台布，根据菜单分别取用餐具。

7）大型餐饮活动结束后，洗碗间及时负责将餐具清洁归位。

4. 炉灶烹调工作程序

（1）标准与要求

1）调料罐放置位置正确，固体调料颗粒分明、防潮，液体调料清洁无油污，添加数量适当。

2）烹调用清汤要清澈见底，白汤要浓稠乳白。

3）焯水蔬菜色泽鲜艳，质地脆嫩，无苦涩味；焯水荤料要去尽腥味和血污。

4）制稠料时，投料比例准确，糊中无颗粒及异物。

5）调味用料准确，口味、色泽符合要求。

6）菜肴烹调及时迅速，装盘美观。

（2）步骤

1）准备用具，开启排油烟罩，点火使炉灶处于工作状态。

2）根据烹调要求，分别对不同性质的原料进行焯水、过油等初步熟处理。

3）吊制清汤、上汤或浓汤，为烹制高档菜肴、宴会菜肴做好准备。

4）熬制各种调味汁，制备必要的用糊，做好开餐的各项准备工作。

5）开餐期间，接受打荷岗位安排，根据菜肴的规格标准及时进行烹调。

6）开餐结束，妥善保管剩余食品及调料，擦洗灶头，清洁整理工作区域及用具。

5. 口味失当菜肴退回厨房的处理程序

（1）标准与要求

1）处理迅速，出菜快捷。

2）在规范、合理的前提下，尽量满足顾客的诉求。

（2）步骤

1）口味失当的菜肴退回厨房后，相关人员及时向厨师长汇报，交厨师长复查鉴定；厨师长不在时，交当场最高技术岗位人员鉴定，以最快的速度安排处理。

2）确认菜肴系烹调失当、口味欠佳，即刻安排炉灶岗位调整口味，重新烹制。

3）无法重新烹制、调整口味或出品形象破坏太严重的菜肴，由厨师长交配份岗位重新安排原料切配，并交给打荷岗位。

4）打荷岗位接到已配好或已安排重新烹制的菜肴，及时迅速分派炉灶岗位烹制，并交代清楚。

5）烹调成熟后，按规格装饰点缀，经厨师长检查认可，迅速递给出菜人员上菜，并说明清楚。

6）餐后分析原因，采取相应措施，避免类似情况再次发生，处理情况及结果记入厨房菜肴处理记录表。

五、厨房开餐管理

厨房开餐管理主要指烹调、出品厨房在开餐期间(即有顾客在餐厅消费期间)围绕、配合餐厅经营，针对开餐的不同进程开展的各项控制管理工作，主要包括开餐前准备、开餐期间生产出品、开餐后清理收档等。这既是配份烹调厨房的工作重点，也是整个餐饮企业厨房日常生产管理的控制要点。

1. 烹调厨房开餐前的准备工作

厨房进行有效、周到的开餐前准备是餐厅准时开餐、厨房应时提供优质出品的前提。

（1）菜单供应品种原料准备齐全

开餐期间厨房秩序混乱，列入菜单供应品种时常售缺，最直接的原因是餐前原料准备不充分、不到位。因此，应检查、落实厨房列入菜单经营品种的原料、半成品是否拥有一定的储备量。

（2）当餐时蔬供应品种确定

大多数餐厅的菜单中只写明经营时蔬，但不写明时蔬的具体品种，餐前应明确当餐时蔬供应品种，并及时通报餐厅。

（3）当餐售缺、推销品种通报

原则上应尽可能做到没有菜单品种售缺的现象，即使有也应控制在最小范围内。在受原料短缺等特殊情况影响时，菜单经营的少数品种可能暂时或当餐无法生产供应，应在开餐前确定，并及时通报餐厅，以免服务员对顾客服务时被动。同样，哪些品种备份较多，希望加强销售，也应提前通报。

（4）提供备餐物品齐全足量

备餐间归餐厅管辖，但备餐物品，即奉送顾客的开胃小食、售卖菜肴的调料、蘸料等，应由厨房制作提供。开餐前应备齐、备足备餐物品，以免增加餐厅和厨房的工作量。

（5）调料、汤料添足、备齐

开餐前厨房进行原料的初步熟处理，需要用油和调料，如果不及时添加，开餐期间可能断档。在开餐前及时补充已取用的油、汤及其他调味品，才能为顺利开餐提供保证。

（6）菜肴装饰、点缀品到位

菜肴的装饰、点缀品多为打荷岗位保管使用，如果开餐前没有准备或准备不足，或这些装饰、点缀品还在远离烹调厨房的其他岗位，开餐时将直接影响出菜速度或菜肴的美观。

（7）开餐餐具准备归位

开餐盛菜涉及的各种式样、不同规格的餐具必须在餐前补领到位，并检查、确认卫生、足量。开餐期间边找餐具边打荷，势必影响出品速度。

（8）检查炉火、照明、排烟状况，确保运行良好

开餐期间，如果燃料断档、炉火不旺，或照明昏暗、排烟不畅，不仅出品的质量、速度没有保障，员工的身心健康和厨房安全也会受到影响。

（9）垃圾盛器清洁到位

开餐前厨房进行的加工及菜肴预制工作已经在垃圾盛器里积累了不少垃圾，开餐期间自然还有垃圾产生。为了集中精力、人员用于开餐，餐前有必要将其清理、清洁干净。

（10）员工衣帽穿戴整齐

开餐期间相对更加忙碌，为了员工的安全，也为了减少对生产菜肴的妨碍、污染，开餐前检查并再次确认员工穿戴整齐是必要的。

总之，临近开餐，烹调厨房尤其是炉灶岗位应做到锅净（打荷）台空，一旦需要，及时出菜。

2. 烹调厨房开餐期间的生产管理

加强厨房开餐期间的现场督导，不仅可以有效防止次品流出厨房，而且可以提高工作效率，理顺工作秩序。

（1）检查、控制出品速度与次序

开餐期间，要防止一忙就乱的现象发生，要通过检查力求适度控制出品速度和规范。既要防止上菜速度太慢、顾客普遍等菜的现象出现，又要杜绝无序出菜、厨师自作主张、急于烹调、倒催服务员上菜的现象发生。

（2）检查关照重点客情

餐前可做好重点客情接待的预案，开餐期间应按照计划，对重点客情的菜肴制作、出品情况加以监督，防止出现疏漏。万一出现差错，应力求在第一时间加以补救。

（3）督导配份规格与摆放

按规格配份，可以从根本上保证出品质量和有效控制成本。按要求将主料、配料、料头（小料）分别摆放，便于烹调岗位操作，即使在用餐高峰期，也不能图方便而违反规范。否则，将给烹调增添诸多麻烦，影响出品速度和质量。

（4）检查、关注菜肴质量

时刻关注菜肴质量，至少随时关注菜肴的直观、外在的质量指标，如菜肴的色泽、规格、温度等。发现质量可疑的产品，应及时返工完善。这对产品销售来说，仍不失为主动的质量控制。

（5）检查、协调冷菜、热菜、点心的出品衔接

开餐期间，热菜的出品次序由打荷岗位控制，而冷菜与热菜、菜肴与点心的出品衔接容易出现断档，这就需要管理人员在不同岗位的衔接渠道上加强检查。一旦出现违反出品次序或出品脱节现象，要及时加以协调，确保顾客用餐循序渐进，有条不紊。尤其是在大型宴会等规模较大的餐饮活动开餐期间，岗位间的协调、过渡工作更要细心、周到。

（6）监督出品手续与订单的妥善收管

健全的出品手续是保证厨房工作秩序的前提，也是餐饮产生应有收益的保证。尽管开餐期间工作节奏快，人员流动大，应有的手续、流动的表单、传递的木夹仍应该明确人员，固定地点，确定器具，并妥善监督、收管，确保无一漏失。管理人员随时可以抽查，或对有疑问的出品进行及时跟踪、查处。

（7）强化餐中炉灶、工作台整洁与操作卫生管理

创造必备条件，明确卫生分工，强化开餐期间炉灶、切配和打荷工作台以及员工的操作卫生管理，既保证了厨师良好的工作环境，又可以有效防止卫生方面的投诉发生。有些厨房人员认为开餐期间厨房是混乱、不可能整洁的，餐后再集中精力搞卫生，恢复厨房卫生面貌，这种想法是十分错误的。一些餐饮企业经常出现卫生方面的质量问题，根源即在此。

（8）督导厨房出品与传菜部门的配合

厨房烹调自然应听从传菜员的通报，但若菜肴烹制完成而没能及时上桌，菜肴质量就会急剧下降。因此，开餐期间管理人员要主动加强厨房与传菜部门的检查协调，切实做到餐厅厨房联系顺畅。

（9）及时进行退换菜点处理

繁忙的开餐过程中，偶尔出现一两例菜肴退换是正常的，未必都是工作失误。但退换菜肴必须在第一时间得到有序、规范的处理。因此，开餐期间餐饮管理人员（尤其是厨房管理人员）必须亲临一线。

（10）及时解决可能出现的推销和售缺问题

随着开餐进程的深入，预期的销售可能出现偏差，厨房即将出现剩余较多或行将售缺的原料及菜肴，此时，应及时与餐厅取得联系，采取灵活手段调整销售现状。这比仅仅在开餐结束时清点原料、被动保藏、大发牢骚、怨天尤人要有效得多。

（11）抽查、关照果盘质量

果盘是用餐的压台戏，可也有一些餐饮企业在本该带给顾客清新爽口感觉的果盘里夹带一些不协调的异味，或次品水果，让顾客扫兴。因此，即使在开餐后期也不能淡化对果盘制作规格、果盘装饰的检查管理，尤其是要检查水果的温度和切制水果用

的刀具、砧板的卫生情况，不能有丝毫马虎。

3. 加强烹调厨房开餐后管理

加强烹调厨房开餐之后的管理，是厨房生产整洁安全、工作秩序良好的保证。

（1）收齐并上交所有出品订单

订单是厨房工作的通知单，是餐饮收入的基本原始凭据。管理人员及时收齐订单，可随时与收银人员联合检查，这对杜绝员工舞弊行为是很有必要的。

（2）检查、落实下餐的准备工作

下餐可能是晚餐之后的次日早餐。所有已经有预订的客情，需要提前加工、准备的事项，都应该在开餐之后、下班之前安排妥当，否则，待到下餐开餐之时，便会手忙脚乱，甚至出现断档的现象。

（3）调料、汤料及时妥善收藏

开餐用剩的各种调料、汤料，在炉边经过开餐期间的高温炙烤和反复取用，质量会有细微变化。因此，在开餐之后应及时进行过滤或消毒等有效处理，并区别性质，妥善收藏。

（4）对配菜所用的水养原料进行换水处理

所谓水养原料，并不是指鲜活水产品，而是指使用前需要放在水桶或水钵内才可以保持原来质量的原料，如木耳、笋丝、竹笋等。开餐期间，手指的反复抓取会使水温升高，顺手带进的其他杂料也会污染水养原料。因此，开餐结束后，必须对水养原料进行冲洗、换水、储存，以防腐坏。

（5）检查水产品活养状况，防止原料变质

当餐与下餐的间隔少则三四个小时，长的达九个小时，必须确保活养原料生存环境（如水量、含氧量等）是否正常。应及时掌握现有水产品的成活率状况，行将死亡的水产品要在下班前进行活杀处理。

（6）检查、确保冰箱正常运行

冰箱是厨房的小型原料库，必须按设定的温度运行，厨房生产、企业效益才能有保障。

（7）督察炉灶、餐具的处理

开餐结束后，炉灶应恢复开餐前的整洁、完好。餐后特别要检查蒸箱、蒸车、烤箱等设备、用具里面是否有遗留原料、成品，以避免造成不必要的浪费。一旦炉灶或其他加热设备中仍有原料、物品在进行烹调处理，必须明确人员，交代具体情况，落实责任，专人看管，确保生产安全和成品优质。

（8）妥善完成厨刀、砧板、抹布的处理

厨刀、砧板、抹布是厨师的贴身用具，尽管开餐期间随时注意保持整洁，但开餐之后仍要进行彻底清洗、全面消毒，并妥善保管。

（9）及时清理垃圾、清洁地沟

要及时将所有垃圾彻底清运、倒尽，并将垃圾盛器重新归位。彻底冲洗地沟，以防污水滞留，对环境造成污染。

（10）关闭水、电、气，关锁门窗

这是厨房安全的重要保证，既要防止水、电、气渗漏产生安全隐患，又要防止无关人员及动物进入厨房。

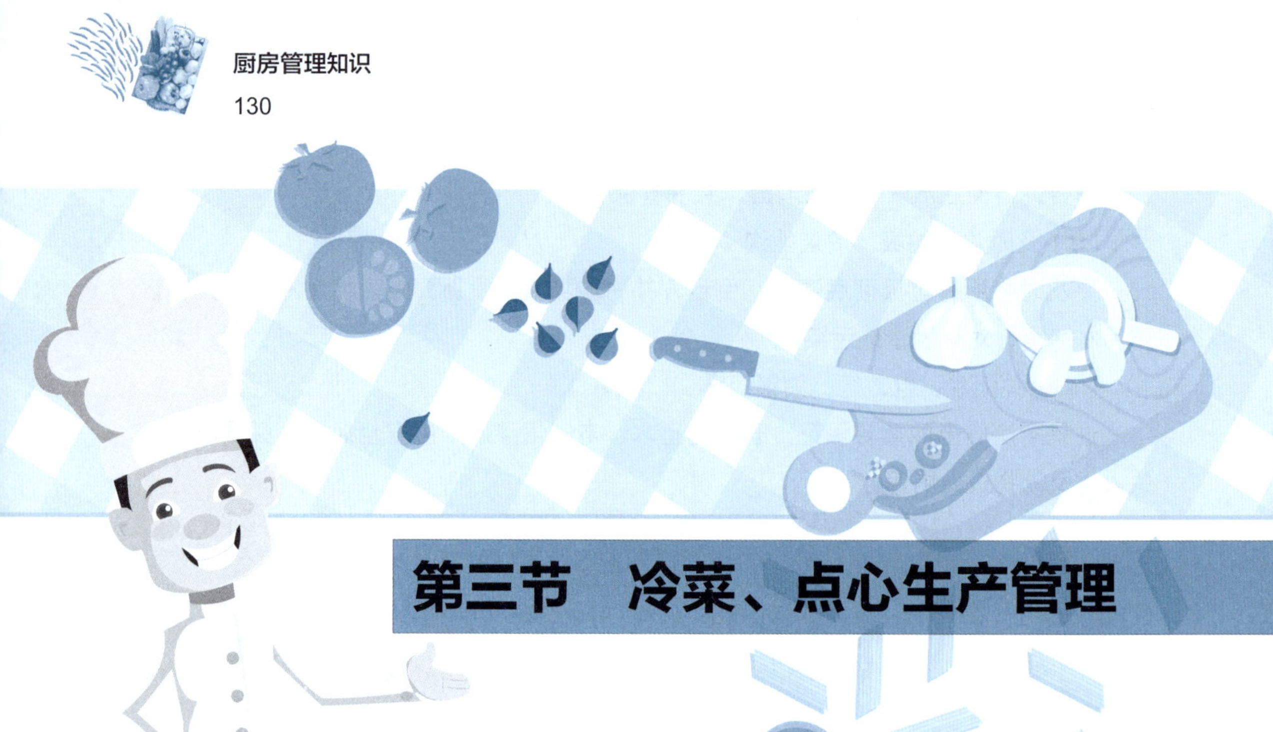

第三节　冷菜、点心生产管理

冷菜又称冷碟，通常以开胃、佐酒为目的，由独立的厨房生产，并大多以常温或低于常温的温度出品。有些餐饮企业将烧烤、卤水产品也归于冷菜。点心多以米、面为主要原料，配以适当辅料，在独立的生产场所由面点师生产制作。生产冷菜和点心的场所是厨房生产相对独立的两个部门，其生产与出品管理的特点与热菜不同。冷菜品质优良，出品及时，可以诱发顾客食欲，给顾客以良好的第一印象。点心一般在就餐的最后（少数在中途穿插）出品，其口味和造型同样能给顾客以愉快和美好的记忆。

一、分量控制

冷菜与热菜不同，多在烹调后切配装盘。每份冷菜装盘数量多少，拼盘用什么品种组合，既关系到顾客的利益，又影响到成本控制。虽然冷菜多以小型餐具盛装，但也并非越少就越给顾客以精致、美好的感觉，应以适量、饱满、恰好佐酒为度。

点心也很精细，大多小巧玲珑，其分量和数量包括两方面：一是每份点心的个数，二是每块点心的用料及其配比。前者直接关系到点心的成本控制，后者随时影响点心的风味和质量。因此，加强点心生产的分量和数量控制也是十分重要的。

控制冷菜、点心分量的有效做法是测试、规定各类冷菜及点心的生产和装盘规格标准，并督导执行。冷菜装盘规格样例见表 6-3，点心制作、装盘规格样例见表 6-4。

表 6-3 冷菜装盘规格样例

菜名	用料		盛器	装盘要求	备注
	名称	数量			
盐水鸭	熟鸭	1/4 只	8 英寸椭圆盘	剔骨	
……					

表 6-4 点心制作、装盘规格样例

品名	主料		配料		制作要求	盛器	装盘数量
	名称	数量	名称	数量			
鲜肉包子	肉馅	30 克	面粉	25 克	收口	8 英寸圆盘	每客 4 个
……							

二、质量与出品管理

冷菜风味要正，口味要好，且要保持一致。制作某些品种的冷菜，可以采用预先调制统一规格比例的冷菜调味汁、沙司的做法，待成品改刀、装盘后浇上或一同上桌即可。冷菜调味汁、沙司的调制应按统一规格比例进行，这样才能保证风味的纯正和一致。由于冷菜在一组菜中最先出品，总给顾客以先入为主的感觉，因此，对其装盘造型和色彩的搭配等要求很高。不同规格的宴会中，冷菜还应有不同的盛器及拼摆装盘方法，给顾客以丰富多彩、不断变化的印象，同时也可突出宴会主题，调节就餐气氛。例如，在婚宴上呈上裱有“永浴爱河”或“白头偕老”字样的“金鱼戏荷”花式冷盘，在老年人的寿宴上呈上“松鹤延年”的冷盘等，均可烘托宴会气氛，效果尤佳。

点心正好与冷菜相反，重在给就餐顾客留下美好回味。点心多在就餐后期出品，顾客在酒足饭饱之际，更加喜欢欣赏、品尝点心的造型和口味。有些栩栩如生、玲珑别致的点心，顾客往往不忍下箸，或再三玩味，或打包带走，这就要求对点心质量加以严格控制，确保出品符合规定的质量标准，起到应有的效果。

冷菜与点心的生产和出品通常是和热菜分隔开的，其出品的手续控制也要健全。餐厅下订单时，多以单独的两联分送冷菜和点心厨房，按单配份与装盘出品同样要按配菜出菜制度执行，严格防止出现疏漏。餐后，所有出品订单都应收集汇总，交至厨师长处备查。

三、工作标准与程序

1. 冷菜工作标准与程序

（1）标准与要求

1）造型美观，盛器恰当，分量准确。

2）色彩悦目，口味符合要求。

3）零点冷菜接订单后 3 分钟内出品，已预订宴会冷菜在开餐前 20 分钟备齐。

（2）步骤

1）打开紫外线灯 15 分钟，对冷菜间进行消毒杀菌（早晚各一次），使用完毕后要及时关闭。

2）备齐冷菜用原料、调料，准备相应盛器及各类餐具。

3）按规格加工、烹调制作冷菜及调味汁。

4）对上一餐剩余冷菜进行重复加工处理，确保卫生安全。

5）接受订单和宴会通知单，按规格切制、装配冷菜，并放于规定的出菜位置。

6）开餐结束，清洁整理冰箱，将剩余冷菜及调味汁分类放入冰箱。

7）清洁整理工作场地及用具。

2. 点心工作标准与程序

（1）标准与要求

1）造型美观，盛器恰当，每客分量准确。

2）装盘整齐，口味符合其特点要求。

3）零点点心接订单后 10 分钟内可以出品，已预订宴会的点心在开餐前备齐，开餐后等候出品。

（2）步骤

1）领取、备齐各类原料，准备用具。

2）检查整理烤箱、蒸笼的卫生和安全使用情况。

3）加工制作馅心及其他半成品，切配各类料头，预制宴会、团队点心。

4）准备所需调料，备齐开餐用各类餐具。

5）接收订单，按规格制作出品各类点心。

6）开餐结束，清洁整理冰箱，将剩余点心原料、半成品、成品及调味品分类放入冰箱。

7）清洁整理工作区域、烤箱、蒸笼及其他用具。

第四节 标准食谱管理

标准食谱以菜谱的形式列出菜点的用料配方，规定制作程序，明确装盘规格，标明成品特点及质量标准，是厨房每道菜点生产的全面技术规定，是不同时期用于核算菜点成本的可靠依据。

一、标准食谱的作用与内容

标准食谱在中外先进的厨房管理中都被采用，虽然形式不尽相同，但其作用和内容大致相仿。

1. 标准食谱的作用

标准食谱将原料的选择、加工、配份、烹调及其成品特点有机地集中在一起，并按照餐饮企业设定的格式统一制作，对厨房生产质量管理、原料成本核算、生产计划制订有多方面的积极作用。具体地讲，标准食谱有以下作用：

（1）预示产量。可以根据原料数量，测算生产菜点的份数。

（2）减少督导。厨师都已掌握每种菜点所需原料及制作方法，只需遵照执行即可。

（3）高效率安排生产。制作具体菜点的步骤和质量要求明确以后，安排工作时更加快速高效。

（4）降低劳动成本。使用标准食谱可以减少对厨师个人操作技巧的要求，技术性可相对降低，使更多的人能担任此项工作，降低劳动成本。

（5）可以随时测算每种菜点的成本。菜谱定下以后，无论原料市场行情何时变化，均可随时根据配方核算每个菜的成本。

（6）减少对存货控制的依靠。通过售出菜点份数与标准用料计算出已用料情况，再扣除部分损耗，便可测知库存原料情况，这更有利于安排生产和进行成本控制。

标准食谱的制定和使用以及使用前的培训，需要消耗一定的时间，增加部分工作量。同时，由于标准食谱强调规范和统一，会使部分员工感到工作上没有创造性和独立性，因而可能产生一些消极影响等。这就需要厨房管理人员进行正面引导和正确督导，使员工正确认识标准食谱的意义。

2. 标准食谱的内容

标准食谱的内容即一家餐饮企业厨房生产某菜点应该统一、规范、明确的具体内容，主要包括以下几项：

（1）菜点名称

一道菜点在一家餐饮企业应有一个规范的名称，否则不仅员工、顾客感觉乱，而且也很难叫响名声。例如，同一家饭店、同一盘炒饭，有人叫“扬州炒饭”，有人叫“什锦炒饭”，有人叫“虾仁炒饭”，这就很不统一。

（2）投料名称

投料名称即菜点的标准用料，包括菜点的主料、配料、料头（小料）和调料。例如，“银杏炒虾仁”的原料包括银杏、河或海虾仁、葱段、精盐、味精等。投料名称应以规范叫法或当地企业的习惯叫法为准。例如，规定用“淀粉”，就不可再出现生粉、芡粉、菱粉、小粉等名称。

（3）投料数量

投料数量包括主料、配料、料头（小料）及调料的数量，以及与之相配的单位，应按法定单位标注清楚，易于计数。例如，“榨菜炒肉丝”的用料为榨菜丝 45 克、肉丝 300 克、笋丝 50 克、姜花 8 片、葱段 10 根等。

（4）制作程序

一道菜点可以有多种烹饪方法，但一家餐饮企业能规定一种做法，这样才能保证给顾客统一的印象和标准。例如，“芙蓉鱼圆”的制作程序是把鱼肉打成茸后在水锅里氽熟，成品嫩白光滑，入口清爽；若在油锅中氽熟，则易干瘪，入口肥腻。

（5）成品质量要求

成品质量要求也称成品质量标准，是某菜点应该达到的目标。原则上，只要严格按照标准投料并按标准程序进行生产操作，成品的质量应该是一致的。但为了方便厨师检验，制定、明确成品质量要求也是必要的。成品质量要求通常包括成品的色、香、味、形、质地、温度等，但必须注重该菜的主要特征，不必面面俱到。例如，“碧绿生鱼球”成品应达到白绿分明、清新咸鲜、鱼球滑嫩、西蓝花翠绿嫩爽等要求。

（6）盛器

盛器即菜点销售时用于盛装的器皿。选择与菜点相配的盛器，可以保持、丰富甚至提高其形象和质量。盛器不统一，同样给顾客不规范的印象。例如，“铁板鲈鱼”要求用 16 英寸椭圆铁板盛装，这就是一种明确的规定。

（7）装饰

装饰即菜点的盘饰、美化，包括装饰用料、点缀方式等。例如，“豉油鳗鱼”的装饰规定用茄皮牡丹加香菜点缀于鱼上腹部。

（8）单价、金额、成本

单价是指标准食谱应说明每种用料的单位价格，在此基础上，计算出每种原料的金额，汇总之后即可得出该道菜点的成本。

（9）使用设备、烹饪方法

不同设备、不同烹饪方法也会使菜点产生不同风味、不同风格的特征。例如，烤制菜点时，用面火烤、底火烤、喷雾湿烤与干烤，成品质感是有明显差异的，而这些区别与烤炉的性能是有直接关系的。

（10）制作批量、份数

有些菜点规格较大，如烤鸭、扒蹄，而有些则相当碎小，如水饺、汤圆等。前者可以每一道菜单独制定一份标准食谱；后者则适宜批量制作，集中测定用料、用量，分客销售，分摊成本，否则难以量化。

（11）类别、序号

类别是该菜点的种属划分。餐饮企业分类标准不一，菜点的类别归属也不一致，常用的分类标准有原料性质、烹饪方法、成菜风味、成品类型（如冷菜、热菜、汤羹等）等。使用序号将标准食谱有序排列，也主要是为了统计、分类管理和方便使用。

二、标准食谱的式样

标准食谱的式样根据餐饮企业管理风格不一而显得多种多样。

1. 以方便核算成本为特点的标准食谱（见表 6–5）

表 6–5　　标准食谱（样）

菜点名称			生产厨房	总分量	每份规格	日期
用料	单位	数量	日期：		日期：	
			单位成本	合计	单位成本	合计

续表

菜点名称			生产厨房	总分量	每份规格	日期
合计						
菜式的准备及做法				特点及质量标准		

2. 以形象直观便于执行见长的标准食谱（见表 6–6）

表 6–6　　标准食谱（样）

<table>
<tr><td colspan="6">名称：__________
类别：__________　　成本：__________
分量：__________　　售价：__________
盛器：__________　　毛利率：__________</td><td rowspan="2">照片</td></tr>
<tr><td>质量标准</td><td colspan="5"></td></tr>
<tr><th>用料名称</th><th>单位</th><th>数量</th><th>单价</th><th>金额</th><th>备注</th><th>制作程序</th></tr>
<tr><td></td><td></td><td></td><td></td><td></td><td></td><td></td></tr>
<tr><td></td><td></td><td></td><td></td><td></td><td></td><td></td></tr>
<tr><td></td><td></td><td></td><td></td><td></td><td></td><td></td></tr>
</table>

3. 以批量制作、总体核对计量方式设计的标准食谱（见表 6–7）

表 6–7　　鸡肉沙拉标准食谱（样）

出菜总量：100 份　　每份：一杯

<table>
<tr><th>配料</th><th>质量</th><th>数量</th><th>制作流程</th></tr>
<tr><td>鸡肉（烤或炸）</td><td>× 克</td><td></td><td rowspan="11">1. 将鸡肉放进汤锅中，加水、盐和月桂叶。水沸后，小火煨 2 小时直到熟透
2. 将鸡肉去骨，然后切成 3~5 厘米长的小块
3. 加入配料，搅匀
4. 将这些配料混合在一起，然后加到鸡肉、菜中混合，轻轻搅拌至匀，放进冰箱，以备上席</td></tr>
<tr><td>水</td><td></td><td>× 升</td></tr>
<tr><td>盐</td><td>× 克</td><td>× 杯</td></tr>
<tr><td>月桂叶</td><td></td><td>× 片</td></tr>
<tr><td>芹菜（切好）</td><td>× 克</td><td></td></tr>
<tr><td>青椒（切好）</td><td>× 克</td><td></td></tr>
<tr><td>洋葱（切好）</td><td>× 克</td><td></td></tr>
<tr><td>柠檬汁</td><td></td><td>× 杯</td></tr>
<tr><td>沙拉料</td><td>× 克</td><td></td></tr>
<tr><td>盐</td><td>× 克</td><td></td></tr>
<tr><td>胡椒</td><td></td><td>× 汤匙</td></tr>
</table>

标准食谱的制作材料也不尽相同，有的用普通纸张，有的用硬纸卡片，有的用镜框陈列。宾馆、饭店的客房用餐多将标准食谱连同彩照用镜框加以陈列，方便工作人员对照制作、规范出品。

三、标准食谱制定程序与要求

标准食谱的制定可能存在几种情况，一种是正在生产经营的餐饮企业，现行品种已有标准食谱，需要修正、完善；另一种是正在生产经营的餐饮企业，菜点品种不少，可是没有标准食谱；还有一种是即将开张经营的餐饮企业正在计划菜点品种，或正在生产经营的餐饮企业新增、新创菜点品种，将要制定标准食谱。不管何种状况、何种类型，制定标准食谱都需要耐心、细心、认真负责。

制定标准食谱要选择一个时间段，可以每周在组织厨师开会时对三四个食谱进行规范。当采用标准食谱进行实际制作时，要通过详细观察厨师的制作过程来复查标准食谱。标准食谱的制定实际上是对菜点进行定性和论证。

标准食谱制定可以按如下步骤进行：

1. 确定主、配料原料及数量

这是很关键的一步，它确定了菜点的基调，决定了该菜点的主要成本。有些菜点只能批量制作，平均分摊测算，如菜点单位较小的品种。不论菜点规格大小，都应力求精确。

2. 规定调味料品种，试验确定每份用量

国内外管理精良的饭店、餐馆均在使用标准食谱，在调味料的使用上多采用集中制作，按菜点（根据一定数量，用一定量器）取用、投放的方式。调味料品种、牌号要明确，因为不同厂家、不同牌号调味料的质量差别较大，价格差距也较大。调味料只能根据批量分摊的方式测算。

3. 根据主料、配料、调味料用量，计算成本、毛利及售价

随着市场行情的变化，单价、总成本会不断变化。因此，第一次制定菜点的标准食谱必须细致准确，为今后的测算打下良好的基础。

4. 规定加工制作步骤

将必需、主要、易产生其他做法的步骤加以统一规定，并用术语简练表述，从而使菜点质量、菜点成本、制作规范三个流程的操作形成规范，消除随意性，保证菜点达到质量标准。

5. 选定盛器，落实盘饰用料及式样

根据菜点的形态与原料的形状确定盛装菜点器具的规格、样式、色彩等，并根据

餐具的色泽、质地确定菜点装盘后的盘饰要求。

6. 明确产品特点及质量标准

标准食谱既是培训、生产制作的依据，又是检查、考核的标准，其质量要求更应明确具体才能切实可行。要按照标准食谱明确烹调方法，使产品制作标准化、特色化，所有菜点的切配、预制、烹调等过程严格按工艺要求和质量标准要求进行。

7. 填写标准食谱

标准食谱是菜点加工数量、质量的依据，并保持菜点的稳定性。标准食谱叙述要确切，使用通用术语列出菜点的用料配方，规定制作程序，明确装盘形式和盛器规格，指明菜点的质量标准、成本、毛利率和售价。

8. 按标准食谱培训员工，统一生产出品标准

标准食谱一经制定，必须严格执行。在使用过程中，要维持其严肃性和权威性，减少随意投料和乱改程序而导致厨房出品质量的不一致、不稳定，使标准食谱在规范厨房出品质量方面发挥应有的作用。

思考与练习

1. 原料解冻需注意的要点有哪些?
2. 简述加工原料的数量确定和控制过程。
3. 配菜出菜制度的内容有哪些?
4. 厨房开餐前的准备工作内容有哪些?
5. 厨房开餐期间的生产管理内容有哪些?
6. 加强厨房开餐后管理的内容有哪些?
7. 标准食谱的作用及其内容有哪些?
8. 简述原料加工对菜点后期质量的影响。

第七章 厨房产品质量管理

学习目标

1. 了解产品质量指标的含义。
2. 了解影响厨房产品质量的因素。
3. 掌握厨房产品质量的控制方法。

厨房产品即厨房各部门加工生产的各类冷菜、热菜、点心、甜品、汤羹、果盘等。厨房产品质量的优劣反映了厨房生产管理人员的技术素质和管理水平，同时还表现为就餐环境及服务水平等。厨房产品质量直接影响餐厅就餐的顾客人数，影响饭店的经济效益、声誉和口碑。因此，采取切实有效的措施，加强厨房产品质量控制，是厨房管理工作的重中之重。

第一节　厨房产品质量的概念

厨房产品质量即厨房生产、出品的菜点等各类产品的品质，包括菜点质量和外围质量两方面。合格的菜点质量指提供给顾客食用的菜点无毒无害，色、香、味、形俱佳，温度、质地适口，营养卫生，顾客餐毕能有高度满足感。合格的外围质量则主要指餐厅的服务态度好，服务工作及时、周全且富有效率；就餐环境适宜，能满足顾客交流、享受的心理需求，体现身份和地位。因此，充分理解厨房产品质量的概念，是进行有效厨房产品质量管理的前提。

一、厨房产品质量指标的含义

厨房产品质量指标主要指菜点的色、香、味、形、器，以及质地、温度、营养、卫生等方面，有的还包括声响。各项指标均有其约定俗成并已为顾客普遍接受的标准。

1. 色

食物的颜色是吸引顾客的第一感官指标，人们是通过视觉对食物进行第一步鉴赏的。“色”给顾客以先入为主、先声夺人的第一印象。

厨房菜点的颜色可以由动植物组织中天然产生的色素来形成。植物（水果和蔬菜）的主要色素有类胡萝卜素、叶绿素、花色素苷和花黄素 4 种。厨房加工和烹调过程对菜点成品的颜色变化也有很大影响，大多数原料经过高温烹调或加工后会改变颜色。烹调的目的之一是通过恰当的操作和处理，使菜点成品尽可能达到所需颜色。

由于大自然并不总能够提供理想的颜色，厨师通常需要在菜点（如黄油、冰激凌、红烧肉等）生产过程中加入含有色素的原料。色素有天然色素和人工合成色素两种，理想的颜色是既不太淡也不太浓。使用天然色素仍是餐饮及食品行业的一大趋势。

菜点的色泽以自然清新，适应季节变化，合乎时宜，搭配和谐悦目，色彩鲜明，能给就餐者以美感为佳。原料搭配不当，或烹调过分，成品色彩混沌，色泽暗淡，不仅表明质量欠佳，而且还将有损顾客的胃口，妨碍就餐情趣。

2. 香

香是指菜点飘逸出的气味给人的感受，是由人鼻腔上部的上皮嗅觉神经感知的。人们进食时总是先嗅其气，再尝其味。在食物进入口中以前，气味就由空气进入鼻中。人们之所以把“香”单独列出来，是因为食物的香味对增进进餐时的快感有着巨大的作用。当人嗅到某种久违的气味时，往往能回忆起遥远的旧事，因此，久居海外的华侨品尝到地道家乡菜时会倍感亲切。广东菜十分讲究菜点的“镬气”。所谓镬气，就是菜点烹调成熟后很快散发在空气当中的热气及该菜点特有的气味。嗅觉较味觉灵敏得多，但嗅觉感受器官比味觉感受器官更易疲劳，对任何气味的感觉总是减弱得相当快。所以，要特别重视热菜热上的时效性，尤其是炒菜，有“一热当三鲜”之说。例如，“响油鳝糊”的麻油拌蒜香、“生煸草头”的清香、“姜葱炒膏蟹”的辛香、“北京烤鸭”的肥香，未尝其菜先闻其香，芳香浓郁，清新隽永，诱人食欲，催人下箸。如果菜点特有的香味不能得以呈现和挥发，则会影响顾客对菜点的期望，导致其对菜点质量的评价较低。

香与味既有联系，又有区别，两者的呈味物质有相似之处，要妥善选择使用。

3. 味

味是菜点的灵魂。人们并不仅仅满足于嗅菜点的香气，还要求能品尝到菜点的味道。通常人们所说的酸、甜、苦、辣、咸是 5 种基本味。五味调和百味香，基本味的不同组合调制出的菜点口味可谓丰富多彩，如川菜就有“一菜一格，百菜百味”之说。菜点调味适度，浓淡恰当，味型分明，变化多样，会使就餐顾客齿留余韵，回味无穷。

4. 形

形是指菜点的刀工成形、装盘造型。原料本身的形态、加工处理的技法，以及装盘的拼摆都直接影响到菜点的形。菜点刀工精美，整齐划一，装盘饱满，形象生动，则给就餐顾客以美感享受。这些效果的取得要靠厨师的艺术设计，如“松鼠鳜鱼”栩栩如生，“冬瓜盅”艳丽多彩，“凤尾虾”如凤似玉。也有些菜点利用围边盘饰点缀等使造型更加多姿多彩，如圆润光滑的寿桃中间摆一尊面塑的寿星，既使菜点更加饱满，又使得餐饮主题更加突出。热菜造型以快捷、神似为主。冷菜造型比热菜有更大的空间和更高的要求。冷菜先烹制后装配，增加了装饰菜点的时间，减少了破坏菜点形象的可能，装盘造型更加必要和富有效果。对菜点“形”的追求要把握尺寸，如果过分精雕细刻，反复触摸摆弄，就会污染菜点，或者喧宾夺主，适得其反。

5. 器

器是指菜点的盛器，不同的菜点要用不同的盛器与之配合。配合恰当，菜点与盛器可以相映生辉，相得益彰。菜点的多少与盛器的大小相一致，菜点的名称与盛器的叫法相吻合，菜点的身价与盛器的贵贱相匹配，可使菜点锦上添花，更显高雅。虽然有些盛器对菜点质量并不产生直接影响，但是对于用煲、砂锅、铁板、火锅、明炉等盛装的需要保温较长时间的菜点来说，盛器对其质量却有着至关重要的作用。例如，“明炉豉油鳗鱼”用盘子代替明炉装鱼，则无法继续加温，而且很容易冷却，直接影响其质量和口感。同样，热菜用保温盛器、冷菜用常温盛器也不同程度地提高了菜点的出品质量。相反，如果菜点本身质量较好，但盛装在不合适的盛器里，菜点的总体质量无疑会大打折扣。

6. 质地

质地是影响菜点质量的一个重要因素。质地包括韧性、弹性、胶性、黏附性、纤维性、切片性及脆性等。任何偏离菜点一般可接受的质地都可使其变成不合格的菜点。例如，人们一般不购买发软的脆饼，不喜欢多筋蔬菜等，因为其质地已是公认的不佳。通常菜点的质地包括以下几方面：

（1）酥

酥指菜点入口咀嚼后，迎牙即散，成为碎渣，产生一种似乎有抵抗而又无阻力的微妙感觉，如“香酥鸭”。

（2）脆

脆指菜点入口迎牙而裂，并且顺着裂纹一直劈开，产生一种有抵抗力的感觉，如“清炒鲜芦笋”。

（3）韧

韧指菜点入口后带有弹性，咀嚼时产生的抵抗力不那么强烈，但时间较久。韧的特点要经牙齿较长时间的咀嚼才能感受到，如“干煸牛肉丝”“花菇牛筋煲”等。

（4）嫩

嫩指菜点入口后有光滑感，一嚼即碎，没有什么抵抗力，如“糟熘鱼片”。

（5）烂

烂指菜点入口即化，几乎不要咀嚼，如“米粉蒸肉”。

菜点质地在很大程度上取决于原料的性质和烹制菜点的时间及温度。因此，制作菜点必须将严格的生产计划与每道菜点合适的烹制时间相结合，以期生产出合格的菜点。

7. 温度

同一种菜点出品食用的温度不同，口感质量会有明显差异。例如，“蟹黄汤包”热吃汤汁鲜香，冷后腥而腻口，甚至汤汁会凝固；再如，“拔丝苹果”趁热上桌食用，可拉出万缕千丝，冷后则如糖饼一块。因此，温度是菜点重要的质量指标之一。表 7–1 给出了各类菜点的出品及食用温度。

表 7–1　各类菜点的出品及食用温度

菜点类别	出品及食用温度
冷菜	15 ℃左右
热菜	70 ℃以上
热汤	80 ℃以上
热饭	65 ℃以上
砂锅	100 ℃
西瓜	8 ℃

8. 营养、卫生

营养、卫生是菜点及其他一切食品必须具备的共同条件。菜点的外表及内在质量指标可不同程度地反映营养、卫生的质量情况。例如，通过已经炒熟的绿叶蔬菜的颜色可判断维生素的破坏情况，通过品尝清蒸鱼肉，可知该鱼是否受过污染及其新鲜程度。另外，通过一席菜点用料及口味等的比较，可判断营养搭配是否合理、均衡等。但有些方面不是直观易见的，只靠外表和普通的品尝是不容易发现和把握的，如畜肉是否经过检疫、河豚是否加工得法等。因此，餐饮企业必须严格进行生产管理，始终重视营养和卫生，保证菜点品质的可靠和优良。

9. 声响

有些菜点由于厨师的特别设计或特殊盛器的配合使用，上桌时会发出声响。例如，“虾仁锅巴”等锅巴类菜点和“铁板鳝花”等铁板类菜点上桌时如果发出“吱吱”的声响，说明温度足够，质地（尤其是锅巴的酥脆程度）达标，进而为就餐创造热烈的气氛。相反，应该发出声响的菜点没有出声，会使顾客觉得菜点与价值不符，感到失望和扫兴。

二、厨房产品感官质量评定

顾客是从不同角度对菜点进行鉴赏和食用的，无论菜点的外观，还是风味、结构组织，顾客都是通过身体感觉器官，即眼、耳、鼻、口（舌、牙齿）和手来品尝和把握的。因此，顾客对菜点自身质量的评判，是调动以往的经历和经验，结合各方面质量指标，经过感官鉴定得出的。厨房产品感官质量评定法是应用人的感觉器官对菜点进行鉴赏和品尝，进而评定菜点各项指标质量的方法，即用眼、耳、鼻、舌（齿）、手等感官，通过看、听、嗅、尝、嚼、咬、夹等方法，检查菜点外观色、形、器，品尝菜点风味的香、味、质、温等，从而确定其质量的一种评定方法，是餐饮实践中最基本、最实用、最简便有效的方法。

1. 嗅觉评定

嗅觉评定就是运用嗅觉器官评定菜点的气味。菜点的气味大部分来自菜点原料本身，调味及烹调处理也可为菜点增添受顾客喜爱的香气，如烤面包的焦香、椒盐里脊的咸香等。保持并能恰到好处地增加原有芳香的菜点，则为合格产品；破坏、损害原有芳香，或香料投放失当、烹调不得法，掩盖原料固有香味，产生令人反感气味的菜点则为不合格产品。

2. 视觉评定

视觉评定是根据经验，用肉眼对菜点的外部特征（如色彩、光泽、形态、造型）、菜点与盛器的配合、装盘的艺术性等进行检查、鉴赏，以评定其质量优劣。菜点充分利用天然色彩，合理搭配，烹调恰当，自然和谐，色泽诱人，刀工美观，装盘造型优美别致，则为合格产品。反之，刀工成形差，或切配不合适，调味用料重，成品褐黑无光泽，或装盘不得体、不整洁等都为不合格产品。

3. 味觉评定

味觉评定是人通过舌头表面味蕾接触食物，受到刺激时获得反应，进而辨别甜、咸、酸、苦、辣等滋味，对菜品进行评价。菜点口味是否恰当准确，符合风味要求，味觉评定具有很重要的作用。菜点纯咸或单酸等呈单一口味的情况几乎没有。除了甜品以甜味为主（大多数甜品也具香味，属香甜口味），绝大部分菜点都是复合味，如咕噜肉为酸甜型，椒盐鱼条为咸香型，怪味鸡为麻辣和鲜酸甜香等复合型。菜点调味用料准确，比例恰当，口味纯正地道即为合格产品；菜点虽经调味，可口味不突出，似是而非，或者淡而寡味，则都为不合格产品。

4. 听觉评定

听觉评定是针对应该发出声响的菜点（如锅巴及铁板类菜点）出品时的声响状况，对菜点质量做出相关评价。通过考察菜点声响，既可发现其温度是否符合要求，质地是否已处理得膨发酥松（主要指锅巴类菜点），同时还可以考核服务是否全面得体。若菜点在上桌时发出声响，并香气四溢，则证明该菜点这方面的质量是达标的。反之，菜点如果给人以无声或声音很微弱的听觉感受，其质量是不合格的。

5. 触觉评定

触觉评定是通过人的舌、牙齿，以及手对菜点直接或间接的咬、咀嚼、按、摸、敲等，检查菜点的组织结构、质地、温度等，从而评定菜点质量。例如，通过咀嚼可以发现菜点的老嫩，通过汤、菜与舌及口腔的接触可以判断温度是否合适；用手掰开包子可以检查其松软状态及筋道程度；用手借助汤匙、筷子，可以检查菜点是否软嫩、酥烂等。菜点软硬恰当，酥嫩适口，即为合格产品；菜点老硬干枯，烂糊不清，则为不合格产品。

对菜点质量进行鉴赏评定时，往往要几种方法并用，才能全面把握菜点的质量。例如，评定烤鸭的质量时，不仅要看鸭皮是否光亮红润，焦香是否纯正，还应该用筷子敲其表皮看是否酥脆，品尝其面酱是否香甜咸适中，配食、咀嚼的触感是否脆、爽、酥、嫩、细、暄、绵、劲等兼具，这样，基本上就能对烤鸭的质量做出较正确全面的评定了。

厨房产品感官质量评定法快捷实用，其特点有以下几项：

（1）厨房产品质量因鉴评人感官灵敏程度而异。鉴评人对厨房产品的品评感觉灵敏程度高，菜点各方面指标把握就比较准，反之，评判不一定很准。

（2）厨房产品质量因顾客的个人偏好而异。偏好的强烈程度不同会导致对产品不一样的评价。

（3）厨房产品质量易受特殊环境、条件、假象的影响。顾客自身的特殊条件和品评厨房产品当时、当地的特殊条件都会对厨房产品的质量评价产生影响。

厨房产品感官质量评定法的特点决定其只能起到提示厨房产品质量的作用。有时，有些顾客的把握不一定很准，质量评定带有一定的主观性和相对性，因此，研究顾客，关注顾客，提升顾客对厨房产品质量的评价也很重要。

三、厨房产品外围质量要求

厨房产品的外围质量是指除菜点自身质量之外的就餐环境等有关服务的质量。提高厨房产品的外围质量可以提高顾客对厨房产品总体质量的评价。

1. 舒适惬意，环境雅致

为顾客提供品尝美味佳肴的理想环境是提高产品外围质量的重要因素。根据顾客进食活动的生理和心理需求，就餐环境应尽可能设计布置得舒适美观、大方别致。顾客在餐厅进餐，一方面是为了补充营养，另一方面也是为了放松心情。这就要求餐饮环境的装饰布置能给人以舒适惬意感，以怡养性情，增进食欲。因此，餐桌和餐具的造型、结构必须符合人体工程学原理，餐厅色彩、温度、照明和装饰要力求创造安静轻松、舒适愉快的环境、氛围。

与此同时，顾客在餐厅进餐，往往还有满足嗜好、追求情趣的需求，而美观雅致的餐饮环境有助于充分满足顾客这方面的要求。创造美观、雅致的餐饮环境可采取人工装饰环境与自然环境相结合的方法，在根据不同餐厅类型、餐饮内容主题设计、装饰餐厅的同时，应充分利用周围环境的自然美，将湖光山色、自然天趣引入室内。

2. 价格合理，服务完善

由于产品价值的实现有赖于顾客的购买，而顾客也必然以价格来衡量厨房产品的总体质量水平，因此，厨房产品质量水平与价格必须相称。所谓价格合理，是指厨房产品的质量与价格相符，与价值相称，既使顾客感到实惠，又使餐饮企业有合理的利润。一般情况下，顾客总希望以尽可能少的花费或在一定的价格水平上享受尽可能高水平的服务，而餐饮企业总希望以尽可能高的价格提供最高水平的服务。解决这一矛盾的方法之一是提高产品的外围质量水平，当餐饮企业具备了一定的服务设施条件和达到一定的服务水平以后，只要有意识地改进那些细微、花费不大的服务细节以提高产品的外围质量，便能成功地将服务水平提高到较高的水准，从而满足顾客追求高水平服务的需求，餐饮企业也可将价格提高到较高的档次。

第二节　影响厨房产品质量因素分析

影响厨房产品质量的因素有几方面。不论是主观的，还是客观的，也不论是餐饮企业内部的，还是外部顾客自身的，只要有一方面疏忽或不称心，厨房产品的质量都很难说是优质或合格的。因此，分析影响厨房产品质量几方面的主要因素，进而采取相应的措施，对创造并保持产品的优良品质是十分必要的。

一、厨房生产的人为因素

厨房生产的人为因素即厨房员工在厨房生产过程中表现出来的自身的主、客观因素对厨房产品质量造成的影响。厨房产品主要是靠厨房员工手工生产出来的，除了技术差距、体力悬殊、能力强弱、接受和反应程度快慢之外，厨房员工的情绪对产品质量亦有直接影响。而这些又多是厨房管理人员不加细心观察和深入了解难以发现的。人的情绪好坏影响人的活动能力，从而影响工作效率和质量。情绪有明显的两极性：积极的情绪可以提高人的活动能力；消极的情绪则会降低人的活动能力，从而降低工作积极性，有损工作责任心。

影响厨房员工工作情绪的因素涉及人际关系、领导作风、社会时尚、生理条件、工作环境、婚姻家庭等，其中任何一个因素都可能影响其工作积极性和责任心。心情舒畅，情绪稳定，工作积极主动，产品质量就高且稳定；相反，情绪起伏不定，态度消极，疲于应付，工作中差错就多，产品质量就无法保证。曾有一家档次较高的酒楼，厨房工作条件较差，炒菜厨师纷纷想调换工作，二炉厨师又因对当月奖金发放不满，开餐高峰期仍以微火炒菜，不仅积压出菜，而且还劝说头炉以小火应付。厨师情绪消极低沉，直接妨碍了生产的正常进行，破坏了出品的质量。因此，厨房管理人员在生产第一线进行现场督导的同时，应多与员工交心，积极激励员工，充分调动员工积极性，从而提高厨房产品质量。

二、厨房生产过程的客观因素

厨房产品的质量常常受到原料及作料自身质量的影响。正如袁枚在《随园食单》中所说："凡物各有先天，如人各有资禀。人性下愚，虽孔、孟教之，无益也；物性不良，虽易牙烹之，亦无味也。"原料固有品质较好，只要烹饪恰当，产品质量就相对较好。原料先天不足，或是过老过硬，或是过小过碎，或是陈旧腐败，即使厨师精细烹制，其产品质地要合乎标准、尽如人意，仍很困难。例如，制作"脆炸鲜奶"这道菜，其关键是熬制奶糊，而熬制奶糊的重点又在打芡，若用上乘玉米粉勾芡，奶糊光洁细腻、质量优良；若用劣质玉米粉勾芡，奶糊则无力易碎、质量低劣，对菜点的质量和成本都会产生不利影响。

厨房生产过程中，还有一些意想不到或不可抗力的因素，同样影响着厨房产品的质量。例如，炉火的大小强弱对菜点质量同样有着直接影响。在用气高峰或天寒地冻的季节，燃烧天然气、煤气的厨房可能一时炉火不足，大量旺火速成的炒、炸类菜点的质量必定受到影响。又如，用柴油作为燃料的烹调厨房，因点火或柴油燃烧不充分，可能使烹调的菜点带有柴油味或黑灰屑，菜点的质量同样会受到影响。

三、就餐顾客的自身因素

"众口难调"是厨师对菜点口味不符合顾客要求的最好开脱。事实上，这话也道出了"食无定味，适口者珍"这一就餐顾客中普遍存在的口味差异。即使厨房生产完全合乎规范，产品全部达标，在消费过程中，仍不免有顾客认为"偏咸了""偏淡了""过火了""夹生了"等。这就是厨房产品质量因就餐顾客的不同生理感受、心理作用（与以往就餐经历的对比）而产生的不同评价，也即影响厨房产品质量的顾客自身因素。

不仅如此，就餐顾客还存在对某饭店厨房产品是否熟悉、"懂吃"的问题。例如，顾客食用汤包时，通过服务人员介绍，饮汤品馅，汤醇味美，服务人员、顾客都满意。反之，生产、服务虽恰到好处，但顾客缺乏食用经验，或者吃得一身汤，或者烫着口腔，或者久侃忘食，待吃时发现汤包冷却成团，顾客自然不满意。因此，顾客消费与厨房生产的默契配合（有些则需要通过服务人员的适当解释或及时提醒实现），同样是创造、保证厨房产品质量的一个重要条件。

四、服务销售的附加因素

如前所述，从某种意义上讲，餐厅服务销售是厨房生产的延伸和继续，而有些菜点可以说就是在餐厅完成的烹饪，如各种火锅、火焰菜点，堂灼、客前烹制菜点，以及涮烤菜点等。因此，服务人员的服务技能、处事应变能力都直接或间接地影响着菜点的质量。这一点进一步证实：加强菜点生产和服务，即厨房与餐厅的沟通与配合，确保出品畅达、及时，对保证和提高菜点质量是至关重要的。

第三节　厨房产品质量控制方法

由于种种因素的影响，厨房产品质量可能发生波动和变化，而厨房管理的任务正是要保证各类出品质量可靠和稳定。质量控制是对原材料和成品质量进行控制，防止生产不合格产品的过程。因此，应采取切实可行的措施或综合采用各种有效的控制方法，保证厨房菜点的质量。

一、阶段标准控制法

厨房生产运转流程可分为食品原料、食品生产和食品销售三大阶段。针对三大阶段不同工作特点，分别设计、制定相关作业标准，在此基础上再加以检查、督导和控制，确保厨房生产产品质量稳定，这便是阶段标准控制法。

1. 食品原料阶段的控制

原料阶段主要包括原料的采购、验收和储存。这一阶段重点控制原料的采购规格、验收质量和储存管理方法。

（1）要严格按采购规格书采购各类菜点原料，确保购进原料能最大限度地发挥应有作用，并使加工生产变得方便快捷。没有制定采购规格标准的一般原料，也应以方便生产为前提，选购规格分量相当、质量上乘的原料，不得贪图便宜省事购进残次品原料。

（2）全面细致验收，保障进货质量，把不合格原料杜绝在厨房之外，减少厨房加工生产的不必要麻烦。验收各类原料，首先要严格依据采购规格书规定的标准进行；

对于没有制定规格书的采购原料，或新上市、对质量把握不清楚的原料，要约请有关专职厨师进行认真检查，确保验收质量。

（3）加强储存原料管理，防止原料因保管不当而降低其质量标准。严格区分原料性质，进行分类保藏。各类保藏库要及时检查清理，防止将不合格或变质原料发放给厨房。厨房已申领并暂存小库房（周转库）的原料同样要加强检查整理，确保质量可靠和卫生安全。

2. 食品生产阶段的控制

在申领原料的数量与质量得到有效控制的前提下，食品生产阶段要认真控制菜点加工、配份和烹调的质量。

（1）加工是菜点生产的第一个环节，进入厨房的原料质量要在这里得到认可。因此，要严格检查各类将要用于加工的原料的质量，确认可靠才可进行生产。对各类原料进行加工和切割，要根据烹调需要，事先明确规定加工切割规格标准，并进行培训，督导执行。加工规格标准见表 7–2。

表 7–2　　加工规格标准

成品名称	用料	加工规格
笋片	罐装冬笋	长 5.5 厘米、宽 2 厘米、厚 0.2 厘米
鱼条	青鱼片	宽 0.8 厘米、长 5 厘米
……		

原料经过加工切割后，大部分动物类、水产类原料还需要进行浆制（上浆），这道工序对菜点的色泽、嫩度和口味会产生较大影响。如果因人而异，烹调岗位则无所适从，成品难免千差万别。因此，对各类菜点的上浆用料应做出规定，以指导操作。

（2）配份是决定菜肴原料组成及分量的操作。对大量使用的菜肴主、配料，应要求配份人员严格按菜肴配份规格表称量取用各类原料，以保证菜肴的风味和成本。中菜切配、西菜切配，以及冷菜的装盘均可规定用料品种和数量。随着菜肴的翻新和成本的变化，如有必要，厨房管理人员还应及时测试用料比例，调整用量，修订配份规格，并督导执行。

（3）烹调是菜点从原料到成品的成熟环节，决定菜点的色泽、风味和质地等。有效的做法是，在开餐前专人批量集中兑制经常使用的主要味型的调味汁，烹调时供各炉头随时取用，以保持出品口味质量的一致性。

3. 食品销售阶段的控制

菜点由厨房烹制完成，交餐厅进行出菜服务，这里有两个环节容易出差错，必须加以控制，其一是备餐服务，其二是餐厅上菜服务。

（1）各餐厅要为菜点配齐相应的作料、食用和制作器具及用品。加热后调味的菜点（如炸、煎、白灼菜点等）大多需要配带作料，如果疏忽，菜点则淡而无味；有些菜点若不借助一定的器具用品，食用起来很不雅观或不方便（如吃整只螃蟹等）。因此，备餐间有必要对有关菜点的作料和用品的配备情况做出规定，以督促、提醒服务人员上菜时注意带齐。

（2）服务人员上菜服务要及时规范，主动报告菜名。对于食用方法独特的菜点，应向顾客进行适当介绍或提示。要按照上菜次序，把握上菜节奏，循序渐进地从事菜点销售服务。分菜时要注意菜点的整体美和分散后的组合效果，始终注意保持厨房产品在顾客食用前的美观。对需要打包和外卖的菜点，同样要注意尽可能保持其各方面质量的完好。

综上所述，要达到厨房产品质量阶段标准控制法的效果，需要掌握以下 3 个要领：必须系统、分阶段制定切实可行的原料、生产、销售规格标准；分别培训，使相关岗位人员知晓、确认规格标准；沿着原料、生产和销售的顺序，逐个岗位进行顺序检查，达标认可后方可继续操作。

二、岗位职责控制法

利用厨房岗位分工，强化岗位职能，并施以检查督导，对厨房产品的质量亦有较好的控制效果，这种方法称为岗位职责控制法。

岗位职责控制法的实施有两个要点。

1. 厨房所有工作均应落实岗位责任

厨房生产要达到一定的标准要求，各项工作就必须全面分工落实。厨房生产既包括炒菜、切配等，也少不了零散且容易被忽视的打荷、领料、食品雕刻等。厨房所有工作明确划分，合理安排，毫无遗漏地分配至各加工生产岗位，这样才能保证厨房生产运转过程顺利进行，生产各环节的质量有人负责，检查和改进工作顺利推进。

厨房各岗位应强调分工协作，每个岗位所承担的工作任务应该是本岗位能比较顺利完成的，而不应是阻力、障碍较大或操作很困难的工作任务。厨房岗位职责明确后，要强化各司其职、各尽其能的意识，员工只有在各自的岗位上保质保量地完成各项任务，厨房产品的质量才能得到保障。

2. 厨房岗位责任应有主次

厨房所有工作不仅要由相应的岗位分担，而且厨房各岗位承担的工作责任也应是均衡一致的。例如，将一些价格昂贵、原料高档，或高规格、重要身份顾客的菜点制作，以及技术难度较大的工作列入头炉、头砧等重要岗位的职责内容，这样可以在充分发挥厨师技术潜能的同时，进一步明确责任，有效地减少和防止质量事故的发生。对菜点口味和生产工作构成较大影响的活动，也应规定各工种主要岗位职责，如配兑调味汁，调制点心馅料，涨发高档干货原料等。为了便于对出品菜点的质量进行考核，可参考顾客对菜点成熟与否、口味是否恰当等的褒贬，以查明有责任厨师，这方面的职责可以安排给厨房打荷岗位。打荷岗位在根据订单（或宴会菜单）安排烹制出菜时，将每道出菜的烹制厨师姓名或工号标注在订单上备查，是比较简便和切实可行的。

从事一般厨房生产、对出品质量不直接构成影响或影响不是太大的岗位，并非没有责任，只不过相对主要岗位承担的责任轻一些而已。其实，厨房生产是个有机联系的系统工程，任何一个岗位、环节不协调，都有可能妨碍开餐出品质量。因此，这些岗位的员工同样要认真对待每一项工作，主动接受厨房管理人员和主要岗位厨师的督导、配合，协助完成厨房生产的各项工作任务。

三、重点控制法

重点控制法是针对厨房生产与出品某个阶段质量或秩序相对较差的部分，或重点顾客、重要任务，以及重大餐饮活动进行更加详细、全面的督导管理，提高生产与出品质量的一种方法。

1. 重点岗位、环节控制

通过对厨房生产及产品质量的检查和考核，找出影响或妨碍生产秩序和产品质量的环节或岗位，并以之为重点，加强控制，提高工作效率和出品质量。例如，某饭店炉灶烹调出菜速度慢，菜点口味时好时差，通过跟踪调查发现，炒菜厨师动作不利索，反复操作多，每菜必尝，口味把握不住。经过分析，原来这批厨师多为新招聘厨师，对菜点的调味、用料及烹制缺乏经验。因此，厨房管理人员加强了对炉灶烹调岗位的指导、培训，加强了对出品质量的把关检查，以提高烹调速度，防止和杜绝不合格菜点送出厨房。又如，一段时期以来，有好几批顾客反映宴会吃过以后仍觉腹中饥饿，检查分析发现，宴席配菜分量不足，导致分菜以后每客数量很少，这时则需加强对配菜的控制，保证按调整后的规格配菜，使宴会顾客有足够、适量的菜点。显然，控制的重点岗位和环节是不固定的。根据不同时期的不同问题应及时调整工作重点，进行控制督导。

重点控制法的关键是寻找和确定厨房控制重点，而这些重点是通过对厨房运转进行全面细致的检查和考核来确定的。厨房产品质量的检查可采取管理者自查的方式，也可向就餐个人征询意见获取信息，如填写顾客意见征询表（见表 7–3）。

表 7-3 顾客意见征询表

项目	内容	很好	较好	较差
菜式	菜点口味			
	菜点数量			
	菜点美观			
	菜点温度			
服务	上菜速度			
	就餐环境			
	服务礼仪			
	规范、效率			
其他意见				

顾客签字： 日期：

另外，还可聘请质量检查员以及有关行家、专家进行明察或暗访，进而通过分析，找出影响质量问题的主要症结所在，加以重点控制，以改进工作，提高出品质量。

2. 重点客情、重要任务控制

在厨房业务活动中，对重点客情、重要任务的控制，影响着厨房的社会效益和经济效益。

对重点客情或重要任务，要从菜单制定开始强调其针对性，从原料的选用到菜点的出品，要注意全过程的安全、卫生和质量可靠。厨房管理人员要加强对每个岗位、环节的生产督导和质量检查控制，尽可能安排技术、素质较好的厨师。每一道菜点不仅要尽可能做到设计构思新颖、独特，还要安排专人跟踪负责，切不可与其他菜点交叉混放，以确保出品质量。在顾客用餐之后，厨房管理人员还应主动征询意见，积累资料，以方便以后的工作。

3. 重大餐饮活动控制

重大餐饮活动可以为餐饮企业创造较多的营业收入，同时也要消耗大批食品原料。因此，加强对重大餐饮活动菜点生产制作的组织和控制，不仅可以有效地节约成本开支，为企业创造经济效益，而且可以向社会宣传企业实力，进而通过就餐顾客的口碑，扩大企业及厨房影响。对此，厨房管理人员应有足够的认识。如北京某饭店经过周密策划、系统设计、严格管理，将外卖推进到 500 公里以外的辽宁省建昌县，一次外卖创收 150 多万元，在取得良好经济效益的同时，成功展示了饭店的实力和员工的团队合作精神，为饭店赢得了较好的社会效益。

厨房对重大餐饮活动的控制，首先应先从制定菜单着手，要充分考虑顾客的结构，结合企业原料库存和市场供应情况以及季节特点，开列一份或若干份具有一定风味特色，且又能被活动团体广为接受的菜单，然后要精心组织各类原料，适当调整安排厨房人手，妥善及时提供各类出品。厨房管理人员、主要技术骨干均应亲临第一线，从事主要岗位的烹饪制作，严格把好各阶段产品质量关。重大餐饮活动中，厨房应设总指挥负责统一调度，确保出品次序，走菜与停菜（如宾主讲话、致辞、祝酒、演出活动等时段）要随时沟通。重大餐饮活动期间，尤其应采取切实有效措施，控制食品及生产制作的卫生，主动做好食品留样，严防食物中毒事故的发生。举办大型餐饮活动时，厨房冷菜生产量较大，其卫生特别重要。相关人员对冷菜的装盘、存放及出品要严加控制，避免熟菜被污染和变腐败。大型餐饮活动结束以后，相关人员要及时处理各类剩余原料和成品，注意搜集顾客反馈，为承办其他大型餐饮活动积累经验。

思考与练习

1. 什么是感官质量评定法？
2. 感官质量评定法的特点有哪些？
3. 厨房产品质量的九方面指标内涵是什么？
4. 影响厨房产品质量的因素中，厨房生产的人为因素有哪些？
5. 影响厨房产品质量的因素中，厨房生产过程的客观因素有哪些？
6. 影响厨房产品质量的因素中，就餐顾客的自身因素有哪些？
7. 影响厨房产品质量的因素中，服务销售的附加因素有哪些？
8. 食品原料阶段的质量控制要领有哪些？
9. 食品生产阶段的质量控制要领有哪些？
10. 食品消费阶段的质量控制要领有哪些？
11. 岗位职责控制法的要领有哪些？
12. 重点控制法的要领有哪些？

第八章
厨房食品原料管理

学习目标

1. 熟悉食品原料的采购管理。
2. 熟悉原料进货验收管理。
3. 掌握原料的储藏与领发控制。

餐饮产品的生产，从总体上看可以分为三大环节：第一是原料的进存环节，第二是厨房生产环节，第三是销售环节。这三个环节有着紧密的联系。厨房要生产优质的餐饮产品，就必须获得新鲜优质的原料；销售要获得合理的利润，就需要控制进货的价格。本章所要论述的原料的采购、验收、储藏和领发是三大环节中的首要一环，也是控制餐饮产品质量的前提。因此，食品原料在采购、验收、储藏和领发时，其质量、数量、价格及提供的时间都必须符合厨房生产的需要，验收后的食品原料应符合订货的要求，储藏的食品原料应始终保证质量，领发的食品原料应满足生产的需求。只有加强各环节的控制，才能确保厨房生产进入良性循环，才能使生产和经营获得成功。

第一节　食品原料采购管理

食品原料是食品生产的物质要素。食品原料的采购就是根据生产需要和实施计划，以合理的价格购得保证质量的原料。食品原料采购具有采购面广、品种规格复杂、品质易变、生产季节性强、价格涨落快等特点。因此，加强食品原料的采购管理是非常重要的。

食品原料的采购可分为订货和购货两方面。订货就是依据销售预测、生产计划、菜单、日常供应量和顾客预订量，预订所需数量的食品原料。这项工作需要具有一定专业技术的人完成。厨房日常所需的鲜活原料一般由厨师长本人或指定专人负责订购。仓储食品原料采购可由食品储藏室工作人员与厨房管理人员共同商讨订购。购货是餐饮企业指定专门机构（采购部）、专职人员（采购员）完成的。购货时根据采购规格、价格、供货商的经营业务等综合因素，决定向谁购货。购货不仅关系到采购方法、采购程序，而且关系到食品的成本控制。因此，采购部门不同于后勤部门，是对餐饮企业赢利有直接影响的部门。所以，要做好采购工作，必须重视以下几方面。

一、食品原料的采购形式和方法

1. 采购形式

我国大多数餐饮企业的食品原料采购大致有以下几种形式：

（1）餐饮企业专设独立的采购部

采购部负责整个餐饮企业所有物品的采购，属财务部管辖。厨房所需各种烹饪原

料都是由采购部负责购买。这种形式适用于大型餐饮企业。

（2）餐饮部附设采购部

采购部专门负责餐饮部所需物品的采购，属餐饮部经理管辖。这种形式适用于中、小型餐饮企业。

（3）厨房设立采购组

采购组专门负责各厨房所需食品原料的采购，属总厨师长或餐饮部经理管辖。采购人员一般由餐饮部经理或总厨师长决定。这种形式适用于中小型餐饮企业或商业性餐馆。

另外，还有一些餐饮企业由仓库提出订货，交采购部进行采购，而厨房所需的鲜活原料则由餐饮部或厨房选定专人采购，并设专人验收。

以上几种采购形式可综合餐饮企业的规模、管理模式具体确定，采购最重要的职能就是要能按质、按量、按时地将原料购回，满足厨房生产的需要，同时，还要做到控制进货价格、降低成本费用。

2. 采购方法

食品原料采购的方法多种多样，可根据餐饮经营的要求，结合市场的实际情况进行分析比较，从而选择适合本企业的最佳采购方式。目前，较常用的采购方法有以下几种：

（1）即时购买法

即时购买就是按照当时的市场行情，对所需的食品原料进行选择性购买。这种形式适用于一些价格涨跌频繁、不宜储藏的食品原料，即新鲜的肉类、禽类、水产品、蔬菜、豆制品、水果等。它的优点是原料新鲜，当日购买、当日使用，能较好地保证原料的质量；缺点是货源和供货价格不稳定，特别是价格往往会受到货源、季节、节假日等因素的影响。

（2）预先购买法

预先购买就是在预先确定经营需要后，提前购买储存备用。这种方法适用于规模较大的厨房。预先购买的优点是可使餐饮产品的销售价格和成本相对稳定，缺点是食品仓库面积加大，存货成本提高，流动资金周转相对较慢。并不是所有的食品原料都可预先购买，这一般适用于半易腐原料和不易腐原料的采购，如经宰杀后的禽类、牛肉、猪肉、干货制品、罐头食品、调味品等原料。预先购买的主要目的是获得较稳定的货源和较低廉的供货价格。但是，在采用这一方法时，必须考虑到以下几点：

1）一次性采购的数量要能在原料有效保质期内用完。

2）采购量要与储存条件相适宜。储藏室大，采购量可多一些；反之，储藏条件不足，就少购或不采用这一采购方法。

3）储存后的损耗和费用应与将来价格上涨后的差价相抵消。

4）储存后不应降低原料的质量。

（3）综合购买法

有许多餐饮企业不断总结经验，已初步形成了一些特有的采购方法。例如，某饭店在购买水产品时，采购人员同时选择多家供货商进行保密性供货报价，当得知市场最佳的供货价格时，采购人员选择供货信誉好、质量过硬、价格适中的供货商送货。采购不能只看价格，关键还在质量。竞争报价这种方法在市场货源紧缺时就会失去作用。目前，有一些大型饭店在食品原料采购时进行定点购买，即选定一个或几个供货商购买所需要的食品原料，以保证一些市场紧缺商品能及时供给。当然，选择供货商很重要，这些供货商应具备能满足所需原料的品种、数量、质量和价格的能力。另外，值得注意的是，这种采购不能完全依赖单一供货商。否则，供货商可能会降低供货质量，提高供货价格，使采购陷入被动状态。为了寻找一些能长期、稳定地提供某些（即市场不多见的）原料的供货商，有些饭店甚至不惜斥巨资进行开发性投资，兴建水产养殖场、特种蔬菜种植园等，以求得稳定的货源；还有些饭店直接与种植者、养殖者、生产者、食品生产厂家等个人或单位挂钩，签订供货合同。

对于罐头食品、干货原料、调味品等，可寻找一些国有大企业供货，因为大企业的价格比较稳定，进货渠道也较通畅，货源充足，只要质量有保证，即可进行定点购买，保证持续不断供货。

此外，随着饭店管理集团、连锁饭店、饭店集团的出现，采购也出现了新的形式，即集中采购、联合采购、合作采购等。这些采购形式的最终目的都是想通过大批量的采购，降低采购的价格，从而降低企业的生产成本，获得理想的经营利润。以上所述的几种采购方法，各餐饮企业可根据自身的实际情况进行合理的选择。

二、食品原料的采购程序

食品原料的采购程序可分为递交请购单、处理请购单、征集价目表、确定供货商、实施采购、处理票据、支付货款、信息反馈。

1. 递交请购单

无论是厨房还是仓库，凡需要购买物品均需填写请购单，然后将请购单交给采购部进行采购。厨房每天根据正常的营业量和顾客的预订量制定请购单。当然，厨房请购的品种是除仓储已有的品种以外的食品原料，通常为鲜活原料。厨房具体订货的步骤是：各厨房以部门或生产岗位为单位，将隔天所需的原料填写在请购单中，交厨师长审阅后签字，然后交采购部采购。仓库订购是在仓储各类物品的库存量达到规定数

量（即最佳订购点）时，提出请购，补足必要的存货量。

2. 处理请购单

采购部接到各厨房、仓库送来的请购单后，组织人力将请购单进行归类，然后制订订购计划。有些餐饮企业采购部将各种请购单进行处理后，直接就在请购单上签署意见实施采购。事实上，采购部也应根据企业经营的实际需要和采购周转资金的多少确定采购的数量，这样能起到监督控制作用。

3. 征集价目表，确定供货商

采购部在采购物品之前，应把本企业的采购规格书发放给供货商，再从不同的供货商手中获取原料的报价单，或称价目表。采购人员根据不同的报价，结合供货商的经营实力、供货信誉及职业道德，选定最佳供货商。

4. 实施采购

当采购部已决定供货商或供货单位时，要出具正式的订购单或订货记录向供货商订货，同时交给验收部门一份订货单，以备收货时核对。当供货商将货物送上门后，采购部将货物交给验收部门进行验收。验收完毕后，凡厨房订的鲜活原料，直接交给厨房，由厨房开出领料单。仓库订的货则交给仓库进行储藏。

5. 处理票据，支付货款

验收完毕，验收人员必须做到以下几点：一要开具验收单；二要在供货发票上签字；三要将供货发票、原料订购单、验收单一起交给采购部，再由采购部转到财务部审核，经审核无误后，支付货款。

6. 信息反馈

信息反馈包含两方面：一是将市场的供货行情反馈给厨房；二是将厨房使用原料后的意见反馈给供货商。这样，厨师长就能及时掌握市场的货源情况和价格行情，便于进行成本控制和开发新产品。

三、采购各项指标的控制

采购各项指标的控制主要是对食品原料采购价格、采购数量、采购质量等的有效控制。

1. 食品原料采购价格的控制

采购价格的控制是采购工作的重要任务之一，成功的采购就是要获得理想的采购价格。食品原料的价格受诸多因素的影响，因而波动较大。影响食品原料价格的主要因素包括市场货源供求情况、采购数量、原料上市季节、供货渠道、饮食市场需求程度、供货商之间的竞争，以及气候、交通、节假日等。控制采购价格的途径有以下几方面：

（1）限价采购

限价采购就是列出所需购买原料的规定或限定进货价格，这种方法一般适用于鲜活原料。当然，所限定的价格不能单凭管理人员的想象，而是要委派专人进行市场调查，获得市场的物价行情，进行综合分析后提出。

（2）竞争报价

竞争报价是由采购部向多家供货商索取供货价格表，或者是写明餐饮企业常用原料的规格与质量要求，请供货商在报价单上填写近期或长期供货的价格，采购部根据供货商提供的报价单进行分析，确定向谁订购。在确定供货商时，不仅要考虑供货商供货的价格，还要考虑供货商的信誉，如原料质量、送货距离，以及供货商的设施、财务状况等因素。

（3）规定供货单位和供货渠道

为了有效地控制采购的价格，保证原料的质量，餐饮企业的管理层可指定采购人员在规定的供货商处采购，以稳定供货渠道。定向采购一般在价格合理和保证质量的前提下进行。进行定向采购时，供需双方要预先签订合同，保证供货价格的稳定。

（4）控制贵重食品原料和大宗食品原料的购货权

贵重食品原料和大宗食品原料的价格是影响餐饮产品成本的主体。因此，有些餐饮企业对此规定由餐饮部门提供原料使用情况的报告，采购部门提供各供货商的价格报告，具体向谁购买必须由餐饮企业管理层来决定。

（5）提高购货量和改变购货规格

根据需求情况，大批量采购可降低原料的价格，这也是控制采购价格的一种策略。另外，当某些食品原料的包装规格有大有小时，购买适用的大规格包装，也可以降低单位价格。

（6）根据市场行情适时采购

当有些食品原料在市场上供过于求，价格十分低廉，且厨房日常用量又较大时，只要质量符合要求，可趁机购进储存，以备使用。当应时原料刚上市时，预测价格可能会下跌，采购量应尽可能少一些，只要满足需要就行，等价格稳定时再添购。

以上几种价格控制措施需要经营管理人员和有关人员共同努力才能实施。

2. 食品原料采购数量的控制

采购数量的多少关系到采购价格的高低，关系到资金周转的快慢，关系到仓储条件和存货费用等。加强采购数量的控制，可有效降低各种开支，减少浪费和损耗。进行采购数量的控制通常是按烹饪原料的性质决定采购的数量。

烹饪原料一般可分为三大类，即易腐食品原料、半易腐食品原料和不易腐食品原

料。易腐食品原料包括新鲜的蔬菜、水果，鲜活的水产品，奶制品等。半易腐食品原料通常指经过宰杀加工后的鸡、鸭等。不易腐食品原料通常指干货原料、罐头食品及调味品等。易腐食品原料通常是直接进入厨房的，其采购数量由厨房根据正常的使用量、各种餐饮的预订情况和一些其他餐饮任务使用量决定。半易腐食品原料和不易腐食品原料通常由仓库根据每一种物品的最佳订购量确定采购数量。

由此可见，采购的具体数量一方面是依据厨房提供的请购单，另一方面是依据食品仓库提出的请购单。厨房所需的采购数量还应结合餐饮预测、季节及气候变化、节假日等因素适时进行调整。而仓库也应在确定了原料存货的最高存量和最低存量后，找出最佳订购量。最高存量是食品原料在采购周期内所需的数量加上从原料订购到货被送至仓库这段时间内所需使用的数量。最高存量就意味着仓库存货不得超过该数量。最低存量就是从食品原料提出订购到货送至仓库期间所需的使用量，又称为紧急订货量。最佳订购量就是最低存量加上库存安全量。为了在交货时间拖延、交通阻塞等特殊情况下确保原料的供给，而将最低存量的50%定为库存安全量。

举例说明根据不同的存货量确定采购数量。

例：某饭店采购罐装菠萝的订货量。

采购周期：30天

采购单位：瓶

每天使用量：10瓶

每月使用量：10瓶/天×30天=300瓶

从订购到送至仓库所需时间：5天

从订货到送至仓库期间的使用量：10瓶/天×5天=50瓶

库存安全量：50瓶×50%=25瓶

最佳订购量：从订购到送至仓库期间的使用量+库存安全量

即50瓶+25瓶=75瓶

最高存量：300瓶+50瓶=350瓶

最低存量：50瓶

采购量：现有库存量减去最佳订购量，再将采购周期使用量减去超过数量得出本月所需采购的点量。

假设：现有库存量80瓶

即80瓶−75瓶=5瓶

300瓶−5瓶=295瓶

因此，本月的采购量为295瓶。

以上使用最佳订购量确定订购量。使用这种方法时，首先要调查核实采购周期。

采购周期短，库存量相对减少，资金流转加快，但是采购次数增多，采购费用增大。使用最佳订购量确定仓库存量时，需要由专业人员进行测算，确定每一原料的最佳订购量。

另外，在确定订购量时还必须考虑到以下因素，以免产生失误和混乱：

（1）菜点的销售量

当某些菜点销售量较大时，需要相应地增加采购量。例如，举办大型食品节或大型宴会、自助餐时，就必须增加采购量。

（2）市场情况

有些食品原料的供应受季节影响较大。对可能发生短缺的原料，应随时调整采购周期。

（3）储存情况

在确定采购量时，还应考虑到仓储设施的承受能力和条件，是否会产生损耗或损坏变质，储存的费用和安全因素也应加以考虑。

（4）运输和使用量的变化

有些食品原料在采购运输时要考虑是否能如期到货和运输途中是否有损失。

原料使用量的多少还取决于菜点受欢迎的程度，因此，要不定期地适当调整库存量和采购量。

3. 食品原料采购质量的控制

食品原料的质量通常是指原料的新鲜度、成熟度、纯度、清洁卫生程度、质地等。原料的质量要求既包括食品的品质要求，同时还包括使用要求。为了使采购的食品原料能够达到厨房生产预期的使用要求，必须对所需原料制定明确的规格标准，作为订货、购买与供货商之间沟通的依据。为了避免口头叙述产生的理解误差，提高采购的有效性，通常采用书面形式对所需规格标准加以说明，这就是俗称的采购规格书。在制定采购规格书时，叙述要简明扼要，尽量避免使用模棱两可的表述。

（1）采购规格书内容

1）原料名称。注明所需采购原料的具体名称，一般使用较通俗、常用的商业名称。例如，鸡就应写明老母鸡、肉用鸡、仔鸡、光鸡、活鸡等。

2）规格要求。食品原料规格主要是指原料的大小规格、重量规格、容积规格和包装规格等。规格的确定一是要依据生产需求量大小，二是根据市场价格。例如淀粉，市场上有 500 克一袋的，也有 20 千克一袋的。如果生产量大，则可购买 20 千克一袋的，因为相同重量条件下，小袋装的价格要高于大袋装的价格。反之，如果生产使用量小，若单纯从价格角度考虑，往往会造成不必要的浪费。

3）质量要求。食品原料质量主要是指原料的品质、商标、产地等内容。食品原料的品质包括新鲜度、成熟度、纯度、清洁程度和质地等特征。注明原料等级可省去许多描述，如直接标明一级还是二级。对于一些有关部门还未正式规定等级的原料，可进行适当说明，标明品质特征。商标是不可忽视的，有些原料在购买时要认准商标，以防买到假冒产品。产地表示原料是否正宗。另外，对于原料的上市状态也应进行一定的说明。例如，原料是新鲜的还是冰冻的，是淡干品还是咸干品，是加工制品还是非加工制品等。对于质量要求的说明要详细具体，不可含糊其辞。

4）特殊要求。对原料的特殊要求可写在备注上。例如，原料要求是国产货还是进口货，同时还可对包装标记、代号、是否送货、其他服务等进行要求。

（2）采购规格书的具体形式

餐饮企业不可能也没有必要对所有原料都制定采购规格标准，只对占食品成本将近一半的肉类、禽类、水产类原料及某些重要的蔬菜、水果、乳品类原料制定采购规格标准即可。一是因为上述原料质量对餐饮成品质量有决定性作用；二是因为这些原料成本相当可观，所以必须严格控制，填写采购规格书。

1）肉类采购规格书。一是肉类新鲜度。肉类新鲜度主要可从外观、色泽、气味、弹性、骨髓等方面加以说明，新鲜肉与冷冻肉的质量要求应有所区别。二是原料的用料部位。用料部位的选择是否得当，直接影响菜点的质量好坏和成本高低。因此，在制定采购规格书时，应明确购买哪一部位的肉品。例如，是上五花还是中五花，是前蹄筋还是整个前腿部位，带皮还是不带皮。只有说明清楚用料部位，才能避免进货不当的现象。三是肉品的嫩度。要获得理想嫩度的肉，就必须注明肉的具体部位品种、育龄和性别。因为这些因素与肉品的嫩度有很大关系。四是肉品的脂肪含量。对于各种肉类来说，肌肉中所含的脂肪量越高，质量越佳，尤其是牛、羊肉。而在购买猪肉时，则应考虑到肥膘的厚度，是选用不带肥膘的精瘦肉，还是选用带少量肥膘的腿肉，对此应标注清楚。五是卫生状况。对于肉类包装、运输途中的卫生要求应加以说明。六是对于包装的肉品，还应注明其生产厂家、商标及质量标准等。

2）禽类采购规格书。禽类的质量有肥瘦、老嫩、肉用型和非肉用型、新鲜和冷冻等区别。禽类的生长期与肥瘦老嫩有关。禽类的品种决定其含脂量、出肉量的多少以及鲜美程度。因此，在制定禽类规格书时，应对禽类的品种、新鲜度、购买形态、生长期、重量、包装等提出详细要求。

3）水产类采购规格书。水产类食品包括各种鱼类、虾类、贝类等。水产品最重要的质量指标是新鲜度。因为水产品含水量大，组织细嫩，极易变质，即使在冷藏温度下亦是如此。因此，新鲜度应作为水产品采购规格的重点。水产品有多种上市形态，如鲜品、冷冻、罐装、干货，制定采购规格书时应明确规定其品种、新鲜度、上市形态、大小、重量等。

4）加工制品采购规格书。加工制品是指经过专业厂商加工后的各类食品原料，如肉制品、蔬果制品、奶制品、调味品等。此类制品的上市形态有罐装、腌制、干货、冷冻等。在制定加工制品的采购规格书时，首先应了解所需加工制品的名称、商标名称、制品等级、大小、重量、产品形态、出厂日期和产地等。特别是对加工制品的包装商标要熟悉，包装商标可说明产品的规格、数量、价格，同时还标明制品的形态、生产时间、生产厂家等内容。加工制品的等级标准有国家标准、部颁标准，还有企业自己的标准。在制定采购规格书时，要弄清该原料是否有级别标准，应为哪一级标准，然后可在采购规格书中注明，以防假冒产品。所以，加工制品的采购规格书应包括产品名称、商标、级别、大小、重量、比重、浓度、产品形态、出厂日期和产地等。

（3）采购规格书的作用

1）促使有关管理人员仔细思考和研究，预先确定每种原料的具体数量要求，防止盲目进货或不恰当进货。

2）便于统一原料规格，满足生产需要，保证菜点质量，有助于控制食品成本。

3）向各个供货商分发采购规格书，便于其及时了解餐饮企业对原料的质量要求，进行投标供货。这样有利于餐饮企业选择最优价格进货。

4）可以提高工作效率，减少工作差错，免去每次订货时向供货商重复解释原料质量要求与规格的麻烦。

5）便于保管部门对所采购的原料进行标准验收。

6）可减少采购部门与厨房之间的矛盾。

采购规格书是随着企业经营项目、经营要求、市场行情等方面情况的变化而变化的，需要不断地改进和完善。总之，采购规格书应成为订购的依据、购货的指南、供货的准则、验收的标准。

四、采购人员的职责

食品原料的采购是一项比较复杂的业务活动。采购人员的素质是采购供应的重要因素。采购不同于一般的购买，需要采购人员以合理的价格，在适当的时间采购安全可靠、符合规格标准和预定数量的食品原料，保证餐饮经营顺利进行。采购人员还应具备一定的英语阅读能力，能阅读进口食品原料的说明书。

采购人员的工作职责和要求包括以下几方面。

1. 执行正常的采购价格，完成采购以及应急采购的任务。

2. 按厨房订单或食品仓库采购单的要求，进行三家以上的询价、看样，经比质论价后选定价格合理、品质优良、交货及时的供货商。

3. 按期限完成如下采购任务：

（1）当日完成鲜活原料的采购，如新鲜水产品、蔬菜、水果等。

（2）1~3 天内完成干货、调味品等物品的采购。

（3）进口食品原料的采购必须在 1~6 个月内完成。

（4）外地食品原料的采购必须在 10~30 天内完成，现货原料的采购必须在 1~10 天内完成。

（5）每周向供货商收集一次价目表，并负责保存资料。

（6）按采购和使用要求调查供货商的供货能力、食品质量、卫生标准、保质期、价格、信誉等，并及时上报主管负责人。

（7）督促供货商按时、按质交货。

（8）协助验收、储藏工作，并及时将各种票据送交财务部门。

（9）严格执行采购制度和财务制度，不挪用备用金，转账支票不作他用。

（10）讲究职业道德，不假公济私，不营私舞弊，不徇私情，坚决抵制腐败等不正之风。

第二节　食品原料进货验收管理

原料的进货验收是食品成本控制流程中的重要环节。尽管制定了完整的采购规格书，尽管采购人员有足够的专业知识并且严格遵照各项规定，按质按量并以合理的价格订购了原料，但如果缺少相应的进货验收控制，那么先前所做的各种努力也会大打折扣。例如，供货商可能会供货马虎，有意或无意地超过订购量或缺斤短两；原料的质量也有可能不符合餐饮企业的要求，超过或低于采购规格标准；原料的价格也可能会与原先的报价大有出入。

因此，验收的主要任务有以下几项：根据采购规格，检验各种食品原料的质量、体积和数量是否一致；核对食品原料的价格与既定价格或原定价是否一致；给食品原料贴上标签，注明验收日期，并在验收日报表上正确记录已收到的各种食品原料；及时把各种食品原料送到储藏室或厨房，以防变质和损失。

一、原料进货验收的要求

为了使验收工作顺利完成，并确保所购进的原料符合订货要求，对验收场地，验收设备、工具，验收人员提出以下要求。

1. 验收场地的要求

验收位置的好坏和验收场地的大小直接影响货物交接验收的工作效率。理想的验收位置应当设在靠近储藏室并且货物进出较方便的地方，最好也能靠近厨房的加工场所。这样可缩短货物搬运的距离，也可减少工作的失误。验收场地要足够大，以免货物堆积，影响验收。此外，验收工作涉及许多发票、账单等，还需一些验收设备和工具，因此，需要设有验收办公室。

2. 验收设备、工具的要求

验收处应配置合适的设备，供验收时使用。磅秤就是最主要的验收设备之一。磅秤的大小可以根据餐饮企业正常进货量确定，既要有称大件物品的大磅秤，又要有称小件、贵重物品的台秤和天平，各种秤都应定期校准，保持精度。验收常用的工具有开启罐头和纸板箱的各种刀具，搬运货物的推车，盛装物品的网篮、箩筐和木箱等。这些验收工具既要保持清洁，又要安全可靠。

3. 验收人员的要求

食品原料验收人员应受过专业培训，或从厨师中推选责任心较强，又有较丰富专业知识的人担任。食品原料验收涉及多方面的知识，如果验收人员没有专业知识，没有责任心，是无法胜任这项工作的。因此，必须对验收人员提出下列要求：

（1）身体健康，讲究清洁卫生。

（2）熟悉验收所使用的各种设备和工具。

（3）熟知本企业的原料采购规格和标准。

（4）具有鉴别原料品质的能力。

（5）熟悉本企业的财务制度，懂得各种票据的处理方法和程序，并能正确处理。

（6）具有保护企业利益的意识，有良好的职业道德，忠于职守，秉公验收。

（7）做到验收后的原料项目与供货发票和订购单项目相符，供货发票开列的重量和数量要与实际验收原料的重量和数量相符。原料的质量要与采购规格标准相符，原料的价格与本企业规定的限价相符。

二、验收程序

1. 根据订购单或订购记录检查进货

验收时，首先应依据订购单或订购记录检查货物，对未办理过订购手续的原料不予验收，防止盲目进货或有意多进货的现象。

根据供货发票检查原料的价格、质量和数量。通常供货发票是随同原料一起交付的，发票是付款的重要凭证，验收时，一定要逐一检查。检查发票时，应先验明发票上的原料价格，再验收质量和数量。如果先将原料验质过秤后，再验价格，当发现价格不符，就会造成人力和物力的浪费。因此，要先核对价格，然后验收质量，最后验数量。在验收质量、数量时，要做到以下几点：

（1）凡可计数的原料，必须逐件清点，记录正确的数量。

（2）以重量计数的原料，必须逐件过秤，记录重量。

（3）对照采购规格书，检查原料的质量是否符合要求。

（4）抽样检查箱装、盒装、桶装原料是否足量，质量是否一致。

（5）发现原料重量不足或质量不符要求而退货时，应填写原料退货单，并请送货人签字，将退货单随同发票退回供货商。

2. 办理验收手续

当送货的发票、原料都经验收后，验收人员要在供货发票上签字，并填写验收单，表示已收到了这批原料。也有些单位根据经营要求设计验收单，在验收完毕的原料上加盖验收章，在供货发票上也加盖验收章。如果到货无发票，验收人员应填写无供货发票收货单。

3. 分流原料，妥善处理

原料验收完毕后，需要入库进行保藏的原料要使用双联标签，注明进货日期、名称、重量、单价等，并及时送仓库保藏。若部分鲜活原料直接进入厨房要开领料单，并将其成本计入当天的食品成本中。

4. 填写验收日报表和其他报表

验收人员填写验收日报表的目的是保证购货发票不会发生重复付款的差错。报表可作为进货的控制依据和计算每日经营成本的依据，区分当日进货中哪些是直接进货，哪些是仓库进货，哪些是杂项进货。

三、验收的方法

各餐饮企业因经营性质、管理模式和管理要求不同，验收的方法也各不相同。有些餐饮企业将食品原材料验收的职权全部交给厨房管理人员负责，由主管厨师长进行验收，也有的餐饮企业将直接进入厨房的原料交厨房管理人员验收，而需进入仓库保藏的原料则交采购部的专职验收人员验收。无论交给谁验收，都必须根据验收的程序，按验收的要求进行验收，食品原料的验收通常采用两种方法。

1. 按供货发票验收

按供货发票验收是一种较普遍的验收方法。验收人员根据供货发票和采购订单核对原料的项目、数量和价格。这种方法较方便快捷，但要注意的是验收人员往往直接拿着发票核对货物，而不核对订购单，有时还可能图方便，不逐一称量原料重量、也不仔细检查原料的质量。因此，采用这种验收方法应加强监督职能。

2. 填单验收

填单验收是餐饮企业控制验收的一种方式。餐饮企业有自制验收空白凭单，验收人员在验收时，将原料的名称、重量、数量、价格等逐一填入凭单中，然后再与供货发票相对照。这种方法可减少差错，但较费工夫。

四、验收控制

验收工作虽然由验收人员完成，但餐饮产品质量控制部门管理人员和厨师长应不定期对验收工作进行督导，确保验收工作能符合管理人员的要求。

为了避免验收工作出现问题，经营管理人员应做到以下几点：指定专人负责验收工作，不能谁有空谁验收；验收工作应与采购工作分开，不能由同一个人负责；验收人员兼做其他工作时，验收时间应与其他工作时间错开；验收要在指定的验收地点进行；原料一经验收，应立即入库或进入厨房。部分入库、部分由厨房直接领用的必须分别登记，分别核算；尽量减少验收地点进出人员，保证验收工作顺利进行；发现原料有质量问题，应督促验收人员退货。

凡有下列情况的，应予以退货。

1. 冷冻食品

检查在纸箱内有无融化液体或冻水的迹象，冷冻食品是否结有大的冰块。如有上述情况，应退货。

2. 冻鱼、海产品

发现冻鱼已化开或化开后又重新冻结的，应退货。重新冻结的鱼的鉴别：肉质松软有酸味，颜色不正；包装纸有些潮、发黏且褪色，纸箱底部有冰块等。

3. 牛肉

质量好的牛肉切开时颜色鲜红，不新鲜的牛肉呈暗色，应退货。

4. 鸡鸭

不新鲜的鸡鸭，翅尖上发暗色，颈脖周围发绿或全身发绿，应退货。

5. 乳制品

乳制品过有效期应退货。盛装黄油、奶酪的包装纸残破或肮脏，颜色不符合标准，应退货。

6. 罐装食品

罐装食品包装凡有锈斑、鼓包或小孔，都是受到污染的迹象，应退货。有些罐装食品打开后有异味、颜色不正，应退货。

7. 干货

干货颜色不正或有异味，包装有破损、有洞口或有裂口的，应退货。

8. 蔬菜、水果、家禽、水产品

蔬菜、水果呈现其固有的颜色、质感和气味才能认定为新鲜，不符合要求者应退货。对鲜活的家禽、水产品等原料，凡发现有灌水、灌沙或灌其他物料的应退货。

第三节　食品原料储藏与领发控制

原料的储藏与领发是食品原材料控制的重要环节，此环节直接关系到餐饮产品生产质量、生产成本和经营效益。良好的储藏控制与领发管理能有效地控制食品成本，如果控制不当，就会造成原材料变质、腐败，以及账目混乱、库存积压，甚至还会导致贪污、盗窃等严重事故的发生。因此，原料储藏和领发的管理应明确职责，尤其重要的是制定切合实际的管理制度。

一、储藏的职责与要求

1. 储藏的职责

（1）分门别类地进行储藏，确保原料的质量

分门别类就是根据原料的种类、特性等将原料分成若干类，然后按原料的性质及在储存时所需的温度和湿度等，实行分区分类固定存放，并对每个货区中存放的原料进行统一编号、定位。这样做的优点是：有利于食品原料的安全储存，可减少损耗；有利于原料的堆放，提高仓容；方便存货和取货，易于查找，出入库快。

分门别类存放的最终目的是保证原料的质量，尽可能地延长食品原料的使用期。因此，食品原料在储藏时必须做到以下几点：

1）检查入库的原料是否适于存放。如果有不适于存放的，必须进行必要的加工或重新包装。例如，有些干货原料为了防止受潮发霉，要进行真空包装后再存放。

2）将有特殊气味的原料与其他原料隔开存放，以免串味。

3）注意各种原料所需的存放温度和储藏期限。

4）密切注意原料的失效期，应遵循“先进先出”的储藏原则。

5）一旦发现原料有霉变、虫蛀、异味时，应立即处理，以免影响其他原料。

6）要遵守《中华人民共和国食品安全法》，保证食品原料的清洁和安全。

（2）控制库存的数量和时间

合理的储藏数量是以满足餐饮生产的正常需求为前提的，但并非越少越好。确定存货量时应考虑以下几个因素：

1）原料的耗用量大小。

2）原料采购所需时间。

3）原料的物理、化学属性，以及极限储存期。

4）企业流动资金的数额等。

原料的合理存量必须与合理的储藏时间相配合。储藏时间也应考虑生产周期、采购周期和原料储藏的有效期。加速库存周转，尽量缩短原料的储藏时间，是仓库保管员的一大职责。

（3）遵守仓管制度，确保储藏安全

为了正确反映库存物品的进、出、存动态，仓库要建立严格的管理制度，要做到账（保管日记账）、卡（存货卡）、货（现有库存原料数量）相符。食品仓库的账要以每个品种为单位，分批设立账户，设立明细而完整的账单。一物必有一卡，存货号要与账单相符，与存货相符。只有这样，才能防止差错、失窃和丢失。仓库控制的另一种方法是定期或不定期进行盘点，发现有误差或有失效原料时要追查责任。

严格的仓管制度还包括与仓库无关人员不得进入，仓管员不得委托他人看管库房。即使有事，仓管员也应将库门锁好后才能离去；在工作结束时，仓管员应将仓库的钥匙交给餐饮企业安保部门，并办理钥匙保管手续。另外，仓库还应装有防盗监视系统，配备防火设备。

2. 食品原料储藏的具体要求和方法

（1）干藏

原料中的干货、罐头、米面等都可采用这种方法而无须冷藏。这类无须冷藏的原料应放在干净、阴凉、干燥处储藏，但要有防潮、防蛀、防鼠、防闷热的措施。库温在 0~24 ℃是最理想的，湿度应控制在 50%~60%。干藏的具体方法是：

1）原料应放置在货架上储藏，货架离墙壁至少 10 厘米，离地面 15 厘米，以便空气流动和清扫。要随时保持货架和地面干净，防止污染。

2）原料放置不仅要远离墙壁，同时还应远离自来水管道、热水管道和蒸汽管道。热水管道和蒸汽管道应隔热良好。

3）使用频率高的原料应存放在容易拿到的下层货架上，货架应靠近入口处。

4）重的原料应放在下层货架上，并且高度适中，轻物放在上层货架上。

5）库中的原料应有次序地排列，分类放置，同类原料放在一起。

6）按“先进先出”的原则，入库原料须在包装上注明进货日期，久存的原料移到货架前面，新入库的原料放在货架后面，以保证原料的质量。

7）有些原料由于体积过大，不能放在货架上，则应放在方便的平台或车上。

8）塑料桶装、罐装原料应带盖密封，箱装、袋装原料应存放在带轮垫板上，以利于挪动和搬运，玻璃器皿包装的原料应避免阳光直接照射。

9）各种打开包装的原料应储存在贴有标签的容器里，并能达到防尘、防腐蚀的要求。

10）所有有毒或可能造成污染的货物（包括杀虫剂、去污剂，以及清扫用具等）不得存放在原料仓库。

尽量控制有权进入仓库的人员数量。职工的私人物品一律不得存放在仓库内。仓库人员不在场时，仓库应加锁防止外人进入。备用钥匙应用纸袋密封，存放在管理人员办公室，以备急需。

（2）冷藏

冷藏是将冷库或冰箱的温度控制在 2~5 ℃，使储存的原料冷却而不冻结。10~49 ℃最适宜细菌繁殖，在餐饮服务业中被称为“危险区”，因此，所有冷藏设备温度必须控制在 10 ℃以下。这样既控制了微生物的繁殖，保证了原料的质量，又使原料不必解冻而取用方便。但由于冷藏对微生物繁殖只起抑制和延缓作用，保持原料质量的时间不像冷冻那样长，所以要特别注意储藏时间的控制。冷藏的原料既可以是农产品中的蔬果类原料，也可以是肉、禽、鱼、虾、蛋、奶等成品或半成品原料，如加工待用的生菜、水果、甜点、调料、汤料等。餐饮企业所需的冷藏容量需根据餐饮服务的类型、营业额、服务方式、各种原料的消耗比例、所用原料种类等因素决定。在一般情况下，鱼类、禽类原料冷藏容量可占总容量的 1/3，新鲜瓜果蔬菜等占 1/3，乳制品占 1/6，其他原料占 1/6。餐饮企业应根据此比例及具体情况选购不同规格和用途的冷藏设备。

冷藏的具体方法如下：

1）通常冷藏的原料应经过初加工，并用保鲜纸包裹，防止污染和脱水，存放时应使用合适的盛器盛放，盛器必须干净。

2）热原料使用低浅、面积大的容器盛放，待凉后冷藏。盛放的容器需经消毒并加盖，防止污染和脱水，避免原料吸收冰箱气味。容器加盖后，内容物要易于识别。

3）冷藏设备的底部及靠近管道的地方温度一般较低，这些地方应用于冷藏乳制

品、肉类、禽类、水产类等最易变质的原料。

4）鱼肉、禽类如果有原包装应拆除，否则易污染同存的原料。加工过的原料（如奶油、乳酪等）应连原包装一起冷藏，但不能拆除，以免原料干缩、变色。

5）已经加工的原料和剩余原料应密封冷藏，以免受冷干缩或沾染其他原料的气味，还可防止滴水或混入其他杂物。

6）有强烈气味的原料应在密封的容器中进行冷藏，以免污染其他原料。

7）存放期间，为使原料表面有冷空气自由流动，放置时要有适当间隔，也不可堆积过高，以免冷空气透入困难。

8）鱼虾类原料要与其他原料分开放置，奶制品要与有强烈气味的原料分开放置。

9）存、取原料时应尽量缩短开启门或盖的时间，减少开启的次数，以免库温产生波动，影响储藏效果。

10）随时、定期关注冷藏的温度。

11）定期进行冷藏间的清洁工作。

为使冷藏效果达到最佳，有条件的单位可将原料分别储入分类专用库中，库内温度可调节到下列标准：蔬果类原料 0~7 ℃，蛋类及奶制品类原料 3~8 ℃，禽类原料 0~2 ℃，鱼类原料 −1 ℃。

热带水果如香蕉、菠萝、番木瓜，蔬菜和块茎类果实如西红柿、马铃薯、洋葱、南瓜、茄子都不需要冷藏，储藏温度可在 16~20 ℃。

（3）冻藏

冻藏的温度应保持在 −10 ℃以下，使原料完全处于冻结状态。低温冷库和低温冷柜都可以提供这种条件。在这种温度下，大部分微生物的生长繁殖都受到有效的抑制，少部分不耐寒的微生物甚至死亡，因而原料能长时间储藏。

任何原料都不能无限期储藏，其营养成分、香味、质地、色泽都将随时间延长逐渐流失和降低。这是因为食品类原料虽然在 0 ℃以下的环境中冷冻储藏，但内部的化学变化、微生物的繁殖生长即使在零下十几度的环境中还能继续发生。

原料冷冻速度越快越好，因为速冻之下原料内部的冰结晶颗粒细小，不易损害原料组织结构。一般来说，原料冷冻分三步进行，即冷藏降温、速冻、冷冻储藏。

如果原料速冻和冷冻储藏在同一设备中进行，将难免引起温差变化而影响原先储藏原料的质量。因此，凡有条件的厨房，应安装速冻设备，其温度应在 −30 ℃以下。冷冻原料在验收时都应处于冷冻状态，避免将已经解冻的冷冻原料存入库内。

冻藏的具体方法是：

1）冷冻原料到货后应及时置于 −18 ℃以下的冷库中储藏。温度越低，进出的温差越小，则原料的储藏期及原料质量越能得到保证。储藏时要连同包装箱一起放入，因为这些包装材料通常是防水汽的。

2）所有需冻藏的新鲜原料应先速冻，然后妥善包裹再储存，防止脱水和表面受污染，变质和肮脏的原料不能进入冷藏室（箱）。

3）冷冻储藏的食品原料（特别是肉类）应该用抗挥发的材料包装，以免原料过多丧失水分而造成冻伤，引起变质变色。

4）冷冻原料一经解冻，特别是鱼、肉、禽类原料，应尽快烹制，并不得再次冷冻储藏，否则，原料内复苏的微生物将导致原料腐败变质，再次速冻会破坏原料组织结构，影响外观、营养成分及香味。

5）有些冷冻原料（主要是蔬菜），可直接烹烧，无须经过解冻，这有利于保持其色泽和外形。大块肉类必须先行解冻，一般应放置在冷藏室内进行，切忌在室温下解冻，防止细菌、微生物的急速繁殖，如果迫于时间，急需快速解冻，可将肉块用洁净塑料袋盛装，密封置于自来水池中用冷水冲洗，以利于解冻。

6）存放原料时，要确保周围的空气自由流动。

7）冷冻库的开启要有计划，需要的原料尽量一次拿出，减少冷气的流失和温度的波动。

8）冷冻库需要除霜时，应将原料移入另一冷冻库内，以利于彻底清洗。通常应选择库存最少时除霜。

9）原料入库必须注明日期、价格，取用应实行“先储先提取”的原则，轮流交替存货，防止变质损耗。

10）任何时候都要保持货架整齐、清洁。

11）定期检查冷冻库的温度情况。

管理人员可以依据这些方法制定储藏工作的准则，以便进行质量检查。

速冻原料一般都保藏在 -23~-18 ℃的冷冻库内，在真空包装或保鲜膜包装的条件下，几种代表性原料的保藏参考时间如下：牛肉 9 个月，羊肉 6 个月，猪肉 4 个月，家禽 6 个月，鱼 3 个月，虾仁、鲜贝 6 个月，速冻水果、蔬菜 3 个月。

二、领发控制的职责与要求

领料是厨房为了获得生产所需要的各种原料而履行的一种手续，也是原料成本控制的一方面。发料则是仓库根据领料凭据向生产部门发放原料的过程。领发控制就是要在保证厨房用料得到及时、充分供应的前提下，控制领料手续和领料数量，并正确记录厨房用料的成本。

1. 领料及领料单的控制

当厨房需要从储藏室领取各种原料时，必须填写领料单。使用领料单能有效地控制成本，也能较快地计算当日原料成本。使用领料单时应注意以下几点：

（1）字迹工整、清楚，不得随意涂改。

（2）各项内容应填写完整，写明领用品名、领用数量、领用部门、领用岗位、领用时间和领用人。

（3）领料单一式四联，一联留存，三联交仓库领料，其中一联交财务部门，一联交成本控制人员。

（4）各岗位、各部门在填写好领料单后，要经专人审批签字，审批人员一般为各部门厨师长。领取贵重原料要经总厨师长或餐饮部经理等人签字。

（5）总厨师长或部门厨师长在审批领料单时，一定要审核内容，特别是数量，应注意签字笔迹一致，不能随意变换字体。另外，还要将领料单上原料最后一项下面的空白划去，防止领料人领取其他原料。

厨房管理人员不仅要把住签字关，还要把住复核关。当原料从仓库领回后，管理人员要不定时地对原料的质量、数量进行抽查，发现问题立即追究责任，坚决堵住领料漏洞。领料单是一种控制工具，可以反映出是何部门对何种原料的需求，用量是多少。为了便于控制，有些餐饮企业将每个厨房的领料单用不同的颜色加以区分，仓库或成本会计只要将不同颜色的领料单加以归类，便可迅速计算出各厨房的原料成本。另外，有些原料如果是A厨房向B厨房领用的，为了能准确得出每个厨房的当日成本，A厨房应向B厨房递交一份原料内部调拨单。成本会计根据调拨单从B厨房食品成本中减去调拨金额，而在A厨房食品成本中加上调拨金额，这样，每个厨房的管理人员都能较准确地了解到当日或隔日的生产经营情况。

2. 发料的职能与要求

发料工作不仅仅是从仓库中取出原料发给领料部门，而且还必须对发出的食品原料进行控制。因此，发料时必须做到以下几点：

（1）任何原料的发放都必须通过规定的手续进行，发料人要坚持原则，做到“四不发货”，即没有领料单不发货，领料单没有经过审批不发货，领料单有涂改或字迹不清楚不发货，手续不全不发货。

（2）储藏室的发货人员必须熟悉本企业管理人员的签名笔迹，也可将各部门审批人的签名笔迹张贴在墙上，以便核对。发料人必须在领料单上签字，如有发料差错可以迅速查出。

（3）发料应做到及时、准确。及时发料不是整天都可以领料，这种方法不符合管理要求。原料应定时发放，确保保管人员有充分时间整理仓库，检查各种原料的情况。

仓库要安排好生产厨房的领料工作，以免造成领料时段过于集中、工作量大、忙中出错或耽误厨房领料的时间。为了做到按时供给，厨房各生产点可根据客情和正常供应的情况，将第二天所需的原料开好领料单，提前交给仓库。仓库保管人员可在适当的时间里将厨房所需的物品取出，放置在推车或特定的货架上，以便第二天领发，这样不仅加快了领料速度，还可减少许多差错。

（4）在发料时，如遇缺货，应在领料单的相应原料旁边注明“缺货”二字，发料人员不得随意涂改领料单。

（5）根据领料单做好原料的发放记录和存货记录，并为原料领用单计价，交成本核算员，以此计算当日原料成本。发料人员必须确保库中的实物与账目一致，使仓库的账目与成本控制人员或成本会计手中的账目一致。

思考与练习

1. 简述常见的采购形式和采购方法。

2. 如何控制食品原料采购的价格、质量和数量?

3. 验收有哪些基本要求? 验收程序有哪些?

4. 简述食品原料储藏的职能与要求。

5. 怎样控制领料与发料?

6. 为什么说科学的食品原料管理是厨房生产进入良性循环的前提?

第九章
厨房卫生管理

学习目标

1. 了解厨房卫生的重要性。
2. 熟悉厨房卫生规范。
3. 掌握厨房卫生管理要求。
4. 掌握食物中毒的种类并懂得如何预防。

卫生是厨房生产始终需要强化的至关重要的方面。厨房卫生指厨房生产原料、生产设备及工具、加工生产环境，以及相关的生产和服务人员及其操作的卫生。厨房卫生管理就是从菜点原料选择开始，到加工生产、烹饪制作和销售服务的全过程中，确保食品处于洁净没有污染的状态。厨房卫生管理事关顾客身心健康，决定餐饮企业经营成败，是厨房管理的重要工作内容，切不可掉以轻心。

第一节　厨房卫生规范

厨房卫生规范是指食品安全法，以及厨房食品卫生、厨房生产卫生、厨房设备卫生等相关环节的法规、制度及标准。

一、厨房卫生的重要性

厨房卫生及卫生管理对顾客、餐饮企业和厨房生产人员都有着直接或间接的影响，其重要性集中表现在以下几方面。

1. 卫生是保证顾客消费安全的重要条件

顾客来用餐，餐饮企业在提供物有所值的产品时，首先必须做到洁净、卫生。这既包括烹饪原料、产品生产和销售经营环境的卫生，还包括顾客用餐过程卫生以及用餐后身心的健康。

2. 卫生是创造餐饮声誉的基本前提

餐饮竞争表现为厨房生产、服务技术技巧、营销能力、产品新意和适应性、价格水平等方面的综合实力的竞争，而最根本的前提是卫生。卫生是餐饮企业投身市场竞争的基本保障，缺少这方面的保障，或长期给顾客以脏乱不堪的印象，或时常在卫生上犯规出错，或时有食物中毒事故发生，餐饮企业将会被社会、同行认为连起码的竞争条件都不具备，顾客也将因此望而却步，其市场必将萎缩甚至丧失殆尽。反之，如果餐饮企业的卫生状况有口皆碑，其人气和效益肯定也会随之增长。

3. 卫生决定餐饮企业的经营成败

厨房卫生影响着餐饮企业的声誉，进而影响顾客的选择。厨房卫生长期不达标，或出现食物中毒事故，有关部门将出于保护消费者利益的需要，要求甚至责令餐饮企业停业整顿。

4. 卫生保护员工的切身利益

厨房卫生既是对顾客负责，同时也是关心、爱护员工，保护员工利益的具体体现。一方面，购买卫生合格的原料，在符合卫生条件的状态下进行加工、生产、销售，员工的身心健康会得到保证，员工工作自然会踏实；另一方面，食物中毒等卫生事故一旦发生，餐饮企业蒙受损失的同时，员工的名誉、利益也将因此而遭受影响。因此，在卫生工作方面高标准、严要求，在创造、保持良好工作环境的同时，也是在保护员工的切身利益。

二、食品安全法

《中华人民共和国食品卫生法》于 1995 年 10 月 30 日正式颁布施行，自 2009 年 6 月 1 日起废止，取而代之的是《中华人民共和国食品安全法》。《中华人民共和国食品安全法》是食品卫生领域的一项大法，是保障人民身体健康的基本法。所有的食品生产经营企业、食品卫生监督管理部门都应认真学习，遵照执行。

《中华人民共和国食品安全法》由 10 章 154 条构成，第一章为总则，第十章为附则。该法共有五大亮点：一是建立了食品安全风险监测和评估制度，二是统一了食品安全标准体系，三是加强了对食品生产经营者的监管，四是对食品安全监管体制进行了变革，五是在食品生产小作坊监管上体现了实事求是的原则。

三、厨房食品卫生制度

厨房食品卫生既包括食品原料采购、验收、储存、领发等主要环节的卫生管理，还包括原料进入厨房以后，经过加工、洗涤、切配、烹制到销售给顾客期间的所有食品卫生问题。食品卫生制度主要强调食品卫生在餐饮企业生产、经营每一个环节的管理，以切实保证食品不受污染、卫生安全。

1. 食品原料采购和验收卫生管理制度

食品原料采购和验收是食品卫生管理的首要环节，这个环节工作质量的高低，直接影响着厨房产品原料的卫生质量，也将影响食品加工全过程的卫生质量。因此，餐饮企业必须认真抓好食品原料采购和验收的卫生管理，其管理要点有以下几项：

（1）采购人员首先要对原料进行感官方面的鉴定，检查原料的色、香、味及外观状态，不购买腐败变质、生虫、霉变、污秽不洁、混有异物的食品原料。这就要求采购人员具有丰富的实践经验，掌握感官鉴定的基本方法，把好原料采购卫生质量关。此外，采购人员要到正规供货场所购货。

（2）采购人员应尽可能索要每批采购原料的卫生合格证，做到证货同行。国外进口食品原料必须经进口食品卫生监督部门检验合格，方可办理验货手续，确保卫生安全。

（3）运输食品原料的车辆必须有防尘、防晒、防蝇措施，保持清洁，生熟食品分开运输，易腐食品冷藏运输。

（4）采购鲜活原料应尽量选择专业厂家或专业供货商，实行定质、定时、定量供货，确保原料新鲜。采购、验收人员应讲究个人品德和职业道德，不徇私舞弊，以顾客和餐饮企业利益为重，杜绝违规操作。

2. 食品原料库卫生管理制度

（1）建立仓库管理责任制和食品原料入库验收登记制度，由专人管理入库工作。登记内容包括品名、供应单位、数量、进货日期等。应对入库食品原料进行感官检查，并查验合格证明，凡是腐败变质、生虫、发霉、与单据不符、未加盖卫生检疫合格章的肉类食品原料或其他卫生质量可疑的食品原料均不能入库。

（2）食品原料储藏要按种类分库、隔墙离地、分类定位、挂牌、上架存放，尤其要将生原料、半成品和熟食品分开，切忌混放和乱堆，以防交叉污染。

（3）库内必须设有防止老鼠、苍蝇、蟑螂等有害生物进入的设备和措施，门窗应装有纱窗、纱门，并保持干燥通风，消除有害生物的滋生条件，但不可施用杀虫剂之类的化学药剂。

（4）每日应检查食品原料质量，油、盐、酱、醋等各种调料应装入瓶、罐中加盖保存，定期擦洗，发现食品原料变质应立即处理。

（5）领用食品原料应检查其是否过保质期，有无腐烂变质、霉变、虫蛀或鼠咬，如果出现上述情况则应立即就地处理，不得加工食用。

3. 冷库卫生管理制度

冷库卫生管理除按照一般食品库的管理要求外，还应注意以下几点：

（1）专人负责，卫生管理责任明确。

（2）鲜货原料入库前，要认真检查，不新鲜或有异味的原料不能入库。鲜货原料要快速冷冻，缓慢解冻，以保持原料新鲜，防止营养物质流失。

（3）肉类、禽类、水产品、奶类原料应分别存放，防止交叉污染。

（4）冷库要保持清洁，无血水、无冰碴，定期清除冷冻管上的冰霜。

（5）各种鲜货原料应挂牌，标明进货日期，做到先进先出，缩短储存期。含脂肪较多的鱼、肉类原料容易因储藏期过长，油脂氧化产生异味，所以更应注意储藏期。

四、厨房生产卫生制度与标准

1. 厨房卫生操作规范

制定厨房生产卫生制度与标准，并检查、督导员工执行，可以强化生产卫生管理的意识，防患于未然。厨房卫生操作规范见表 9–1。

表 9–1　　厨房卫生操作规范

操作要领	原因	正确做法
已解冻食品原料不能再次冷冻	质量降低，细菌数增加	一次用完或煮熟后存放
对食品原料质量有怀疑时，不要尝味道	保护员工的健康	看上去质量不佳的食品原料应做废弃物处理
水果或蔬菜未洗过不能生产出售，罐装食品外观未清洁不能开启	避免污染	水果或蔬菜应先清洗再生产出售，罐装食品应先清洁外观再开启
厨房设备、玻璃餐具、刀叉、汤匙或菜盘上不得有食物屑残留	避免污染	厨房设备用后要清洗干净，玻璃餐具、刀叉、汤匙和菜盘用前要检查
餐具有裂缝或缺口的不能使用	易滋生细菌	更换新的餐具
不坐工作台，不倚靠餐桌	衣服上的污物会污染原料及菜点	保持标准的工作姿态
女员工不披散头发	头发落在原料及菜点里可造成污染，也使人倒胃口	戴发网或帽子
手不要摸脸、摸头发，不要插在口袋内，除非必要，不要接触钱币	可能污染原料及菜点	必须做这些事情时，事后要彻底洗手
不要嚼口香糖之类的东西	不雅观	—
避免打喷嚏、打呵欠或咳嗽	散布细菌或病毒	如果不能控制，则一定要侧转身离开食物或顾客，并要掩口
不要随地吐痰	散布细菌或病毒	—
工作时间不进食	不卫生，不雅观	在指定的休息时间进食，用餐后要彻底洗手
不得吸烟	损害自身和他人健康	—
不要把围裙当毛巾用	洗干净的手易被脏围裙污染	使用纸巾

续表

操作要领	原因	正确做法
不要用脏手工作	可能污染原料及菜点	用温热的肥皂水洗手，搓满泡沫，清水冲净，用纸巾擦干
拿过脏餐具的手在未洗净前，不要去拿干净的餐具	可能污染原料及菜点	这两个步骤间要彻底洗手，打荷、冷菜等岗位尤其要注意
不要用手直接接触或取用原料及菜点	可能污染原料及菜点	使用合适的器具辅助工作
不要穿脏工作服	可能污染原料及菜点	穿、系干净的工作服和围裙
避免戴首饰	易藏污纳垢，污染原料及菜点	—
避免不洗澡工作	不卫生，不雅观	每天洗澡
刀、案板不混用	可能污染原料及菜点	刀、案板要分类别或用后清洗消毒
不带病上班	增加疾病传播机会	告知情况、安排替班
不带着外伤上班	增加伤口感染的危险，可能污染原料及菜点	伤口要妥善处理
健康证已失效者不应上班	预防疾病传播	注意健康证失效期，及时体检换证
不要在洗涤原料的水槽里洗手	可能污染原料及菜点	使用指定的洗手盆洗手
不要用手指蘸食物尝味	食物可能被污染	用匙品尝，用后及时清洗
不要把食物放在敞开的容器中	空气中的尘埃会污染食物	食物要密封或加罩存放
不要将食物与垃圾同放一处	不卫生	食物和垃圾应分别放在专门的地点

2. 厨房日常卫生制度

（1）厨房卫生工作实行分工包干负责制，负责到人，及时清理，保持清洁，定期检查并公布结果。

（2）厨房各区域按岗位分工，落实包干到人，各自负责自己职责范围内设备工具及环境的清洁工作，使之达到规定卫生标准。

（3）各岗位员工每日上岗前，首先必须对所负责的卫生范围进行清洁、整理和检查。生产过程中保持卫生整洁，设备工具谁用谁清洁。

（4）厨师长随时检查各岗位包干区域的卫生状况，对未达标者要求限期改正，对屡教不改者进行相应处罚。

3. 厨房计划卫生制度

（1）厨房对一些不易污染、不便清洁的区域或大型设备实行定期清洁、定期检查的计划卫生制度。

（2）厨房炉灶用的铁锅及手勺、锅铲、笊篱等用具，每日上下班都要清洗。厨房炉头喷火嘴每半月拆洗一次。吸排油烟罩除每天开完晚餐清洗内部外，每周彻底将内外擦洗 1 次，每周刷洗 1 次过滤网。

（3）厨房冷库每周彻底清洁、冲洗、整理 1 次。干货库每周盘点、清洁、整理 1 次。

（4）厨房屋顶天花板每月初清扫 1 次。

（5）每周指定一天为厨房卫生日，各岗位彻底打扫包干区及其他死角，并进行全面检查。

（6）各卫生清洁范围由所在区域工作人员及卫生包干区责任人负责。无责任人的公共区域由厨师长统筹安排清洁工作。

（7）每次清洁卫生工作结束之后，必须经厨师长检查，其结果将与平时卫生成绩一起作为员工的奖惩依据之一。

4. 厨房卫生标准

（1）食品生熟分开，处理生熟食品原料必须双刀、双砧板、双抹布，分开操作。

（2）厨房区域地面无积水、无油腻、无杂物，保持干燥。

（3）厨房屋顶天花板、墙壁无吊灰，无污斑。

（4）炉灶、冰箱、橱柜、货架、工作台，以及其他器械设备保持清洁明亮。

（5）切配、烹调用具随时保持干燥，砧板、木面工作台显现本色。

（6）厨房无苍蝇、蚂蚁、蟑螂、老鼠。

（7）每天至少煮 1 次抹布，并洗净晾干。炉灶调料罐每天至少换洗 1 次。

（8）员工衣着必须挺括、整齐、无黑斑、无大块油渍，1 周内工作衣、裤至少更换 1 次。

5. 厨房卫生检查制度

（1）厨房员工必须保持个人卫生，衣着整洁，每日上岗前首先必须自我检查，领班对所属员工进行复查，凡不符合卫生要求者，应及时予以纠正。

（2）工作岗位、食品、用具、包干区及其他日常卫生，每天由主管进行逐级检查，发现问题限期整改，并进行复查。

（3）每次检查都应有记录，结果予以公布，成绩与员工奖惩挂钩。

（4）厨房员工应积极配合，定期进行体检，体检认定为不适合从事厨房工作者，应调离厨房工作。

6. 冷菜间卫生制度

（1）冷菜间的生产、成品保藏必须做到专人、专室、专工具、专消毒、单独冷藏。

（2）操作人员严格执行洗手消毒规定，洗涤后用 75% 的酒精棉球消毒。操作中接触生原料后，切制冷荤熟食、冷菜前必须再次消毒。使用卫生间后必须洗手消毒。

（3）冷菜装盘出品时，员工必须戴口罩操作，不得在冷菜间内吸烟、吐痰。

（4）冷荤制作、储藏都要严格做到生熟分开，生熟工具（刀、砧板、盆、秤、冰箱）严禁混用，避免交叉污染。

（5）冷荤专用刀、砧板、抹布每日用后要洗净，次日用前消毒，砧板定时消毒。

（6）盛装冷荤、熟肉、冷菜的盛器必须专用，每次使用前刷净、消毒。

（7）生吃食品（蔬菜、水果）等必须洗净后方可放入熟食冰箱。

（8）冷菜间生产操作前必须开启紫外线消毒灯消毒杀菌 15~20 分钟。

（9）冷菜熟食必须按需制作，确保质量和卫生；冷荤熟肉在低温处存放超过 24 小时必须回锅加热。

（10）每天熟食留样保留 24 小时。

（11）冰箱由专人管理，保持清洁，放入冰箱内的食品必须加盖或用保鲜膜包好，并定时对冰箱进行洗刷消毒。

（12）食品橱柜无浮尘、污迹，不得存放私人物品和其他与冷菜制作无关的物品。

（13）非冷菜间工作人员不得进入冷菜间。

7. 点心厨房卫生制度

（1）工作前须先对工作台和工具进行消毒，工作后将各种用具洗净并进行消毒。

（2）严格检查所用原料，严格过筛、挑选，不用不合标准的原料。

（3）蒸箱、烤箱、蒸锅、和面机等用前要洗净，用后及时洗擦干净，用布盖好，并定时拆洗。

（4）盛米饭、点心等食品的笼屉、筐箩，以及食品盖布使用后要用热碱水洗净。盖布、纱布要标明专用，里外面分开。

（5）擀面杖、馅挑、刀具、模具、容器等用后洗净，定点存放，保持清洁。

（6）面点、糕点、米饭等熟食品必须凉透后定点存放，保持清洁。

（7）制作蛋制品的鸡蛋必须清洁新鲜，变质、散黄的鸡蛋不得使用。

（8）食品添加剂必须符合国家标准，不得超标准使用。

五、厨房设备卫生管理制度

厨房设备卫生实行责任到人、分工负责、随用随清、定期强化的管理制度。具体设备卫生管理规定有以下几项。

1. 厨房所有设备以附近岗位为主归属管理，明确岗位责任人员，负责看管、督促设备使用人员随时做好卫生工作。

2. 厨房所有设备使用完毕，使用人员应随手清洁设备，经设备卫生责任人检查认可方可离去。设备清洁工作未经设备卫生责任人检查或已检查但未被认可，设备使用人员必须及时进行返工，由厨房管理人员负责督导完成。

3. 厨房员工必须主动接受设备使用及清洁维护相关培训指导，管理人员根据其相关工作表现进行考核。

4. 厨房管理人员定期组织进行（也可与厨房相关工作结合进行）厨房设备卫生状况检查，检查结果与设备责任人工作表现挂钩。

5. 厨房原设备责任人工作变动，应明确新的设备责任人。原设备责任人必须接受设备卫生检查，卫生合格方可办理工作变动手续。

厨房设备卫生可以根据餐饮企业厨房规模、设备数量、运行状况，采取列表的方式进行检查。厨房设备卫生标准见表 9–2。

表 9–2　　厨房设备卫生标准

工作项目	工作标准	工作程序
灶炉	光亮无油污	检查员工是否按程序擦拭炉灶，达到干净光亮
墙面	清洁光亮，无吊灰，无污渍	检查员工是否按程序清理墙面卫生且干净光亮
电灯	光亮，无浮灰	检查员工是否按程序清理电灯外表卫生
门窗	干净、无油污	检查员工是否按程序擦拭门窗且外表干净、明亮
库房	干净、整洁	检查员工是否按程序整理仓库，且整洁、干净
餐具柜	干净、光亮	检查员工是否按程序擦拭餐具柜内外
制冰机	清洁、运转正常	检查员工是否按程序擦拭制冰机内外

第二节　厨房卫生管理

一、原料采购、加工阶段的卫生管理

原料的卫生决定和影响着产品的卫生。因此，从原料的采购进货开始，就要严格控制其卫生质量。首先，必须从遵守卫生法规的供货商处购货，严禁采购有毒的动植物；其次，要加强原料验收的卫生检查，尤其是有破损或伤残的原料，更要加强检验。储存原料时，要仔细区分性质和进货日期，严格分类存放，并坚持“先进先用”的原则，保证原料的质量和卫生。厨房在正式领用原料时，要认真加以鉴别。对于罐头类原料，如果包装已隆起或罐身接缝处有凹痕，说明罐头密封不严，已受细菌污染，细菌产生气体，导致罐体膨胀，不可使用。如果罐头食品有异味或内容物有泡沫或液体混浊不清，也不能使用。对于肉类原料，如果有异味，或表面黏滑，也不宜使用。任何原料出现发霉、混浊、有异味等情况，都不可再用。果蔬类原料已腐烂则不得使用。

二、菜点生产阶段的卫生管理

生产阶段是厨房卫生工作的重点和难点所在。生产阶段不仅涉及环节较多，而且生产设备繁多，卫生管理工作量也很大。

1. 生产过程的卫生控制

厨房生产过程从原料领用开始。冻结原料解冻时，要使用正确的方法，尽量缩短解冻时间，避免解冻中受到污染。烹调解冻是既方便又安全的一种方法。开启罐头时首先应清洁表面，再用专用工具打开，切忌使用其他工具，避免金属或玻璃碎屑掉入原料中。蛋、贝类原料去壳时，不能使壳表面的污物沾染内容物。处理容易腐坏的原料时，要尽量缩短加工时间。如果批量加工，应逐步分批从冷藏库中取出原料，以免最后加工的原料在自然环境中因久置而降低质量，加工后的成品应及时冷藏。

菜肴配份必须用专用的盛器，切忌用餐具作为生料配菜盘。尽量缩短配份后的原料闲置时间。配份后不能及时烹调的原料要立即冷藏，需要时再取出，切不可放置在厨房的高温环境中。成品盛装时餐具应洁净，切忌使用工作抹布擦抹。冷菜的卫生尤为重要，因为对冷菜的装盘都是在成品的基础上进行的。冷菜装盘时需要注意以下几点：首先，布局、设备、用具方面应同生菜制作分开；其次，切配成品应使用专用的刀、砧板、抹布，切忌生熟交叉使用，这些用具要定期进行消毒；最后，操作时要尽量简化手法。如果冷菜装盘后不能立即上桌，应用保鲜膜密封，并进行冷藏。生产中剩余产品应及时冷藏，并尽早用完。水果盘的制作与冷菜相似，在特别重视水果自身卫生的同时，要严格注意切制装盘与出品食用时间，同时还要注意传送途中避免污染。

2. 生产设备的卫生管理

厨房生产设备主要有加热设备、制冷设备和加工切割设备等。对各类设备进行清洗、消毒和各种卫生管理，不仅可以保持整洁、便于操作，而且可以延长设备使用寿命，减少维修费用和能源消耗，保证食品的卫生和安全。

（1）油炸锅

油炸锅所用的油应每天更换。油炸锅在不用的时候应盖严，外部应每天擦拭，每周至少清洗一次。如果厨房制作的油炸食品很多，油炸锅就必须每天清洗。炸制用油不可反复使用。

（2）烤盘

每次使用完烤盘后，应用金属刮刀把烤盘上的食物残渣刮净，然后用含盐的混合油剂擦洗烤盘受热表面，使烤焦而粘在盘底的残渣软化，再用洗涤剂清洗，洗净后把烤盘表面漂净、揩干，最后用油剂擦拭盘面，保护烤盘。

（3）烤箱、微波炉

烤箱使用后，首先应清理内部的食品残渣，然后用浸透了合成洗涤剂溶液的布擦洗。不能用碱性液体清洗烤箱的内膛和外部，因为那样会损坏镀膜或烤漆。烤箱的喷嘴应每月清洁一次，控制开关也应定期校正。鼓风式烤箱的风扇应每月拆开清洗一次。微波炉的内部一般只需用合成洗涤剂溶液擦洗。

（4）炒灶

炒灶是最常用的厨具，所有溢出、溅出在灶台上的食屑汤汁都应立即清除。灶面和灶台应每天清扫。每月应通 1 次煤气喷嘴，将油垢清除掉。

（5）蒸箱、蒸锅

每次用后都应保持清洁，清除食品残渣。如果有食品残渣糊在笼屉里面，应先用水浸泡，然后用软刷子刷洗。筛网（箅子）也应每天清洗。如果有泄水阀，也应打开清洗。

（6）冰箱及其他制冷设备

冰箱的保洁工作比较容易，每天用含合成洗涤剂的温水擦拭外部，然后再用清水漂净并用干净布擦干即可。清洗冰箱时，忌用有摩擦作用的去污粉或碱性肥皂。

冷库地面应每天用抹布拖擦，每月至少除霜 1 次，在除霜期间，应将原料转移储存到另一个冷库内，不能使其解冻。

制冰机虽可结冰，但不宜作为储存食物的设备。制冰机也应每天擦拭，每月进行 1 次彻底清洗，清洗时应把制冰机里的冰全部倒掉。

（7）搅拌机

每次用完搅拌机之后，应用合成洗涤剂的热水溶液将其擦洗干净，再用清水擦干。搅碗和搅桨可在原处清洗。需润滑的可拆卸部件要每月清洗上油 1 次。

（8）开罐器

开罐器必须每天清洗，把刀片上遗留的食品和原料清除干净。刀片变钝后应及时更换。

三、菜点销售服务的卫生管理

菜点在由服务人员送到顾客的餐桌及分菜的过程中，不管是由跑菜员将其传至餐桌，还是陈列于自助餐台由顾客取用，都应注意以下几点。

1. 菜点在供应前和供应过程中应用菜盖遮挡，以防污染。

2. 冷菜、冷食在供应前应放在冰箱内。要控制冷菜的上菜时间，尤其是大型宴会活动时。

3. 菜点不要过早装入盘中，要在成熟后和顾客需要时装盘。

4. 盛装菜点时必须用刀、叉、勺、筷、夹子等用具，不可用手接触食物。

5. 每次使用的分菜工具一定要确保清洁，不同口味、色泽的菜点要使用不同的分菜工具。

6. 服务人员应养成良好的个人卫生习惯，上菜时应避免咳嗽、打喷嚏，工作时不能有抓头、摸脸等动作。

第三节　食物中毒与预防

食物中毒是餐饮业严重的卫生安全事故。因此，分析食物中毒产生的渠道和原因，并采取切实有效的措施加以预防和避免，是厨房卫生管理的重中之重。

一、食物中毒及其特征

凡是由于经口进食含有致病菌、生物性或化学性毒物及动植物天然毒素食物而引起的以急性感染或中毒为主要临床特征的疾病，可统称为食物中毒。食物中毒一般具有流行病学和临床特征：潜伏期短，来势急剧，短时间内可能有多人同时发病，所有病人都有类似的临床表现；病人在近期内都食用过同样食物，发病范围局限在食用该种有毒食物的人群；一旦停止食用这种食物，发病立即停止；人与人之间不直接传染；发病曲线呈现突然上升又迅速下降的趋势，一般无传染病流行模式的过程。

二、食物中毒原因分析

对国内外食物中毒事件的分析表明，食物中毒以微生物造成的最多，发生原因多是对食物处理不当，发生场所大部分是卫生条件较差、没有良好卫生规范的餐饮企业，发生时间大部分在夏秋季节。

1. 食物受细菌污染，细菌产生的毒素致病

这种类型的食物中毒是由于细菌在食物中繁殖，并产生有毒的排泄物。致病的原

因不是细菌本身，而是排泄物毒素。这种毒素通常不能通过味觉、嗅觉或色泽鉴别。因此，味道鉴别食物有没有变质的办法是无济于事的，厨房人员对此必须有清楚的认识。

2. 食物受细菌污染，食物中的细菌致病

这种类型的食物中毒是由于细菌在食物上大量繁殖而引起的，当顾客食用含有对人体有害细菌的食物时，就会引起中毒。

3. 食物受有毒化学物质污染，并达到引起中毒的剂量

化学性食物中毒包括有毒的有机物、无机物（含金属、非金属）、农药和其他有毒化学物质引起的食物中毒。此类中毒偶然性较大，与食品自身属性无关。引起中毒的化学物质多是剧毒，在体内溶解度大，易被消化道吸收。化学性食物中毒的特点是发病快，一般潜伏期很短，多在数分钟至数小时内发病，患者中毒程度严重，病程比一般细菌毒素中毒时间长。

4. 食物本身含有毒素

这种类型的食物中毒主要是误食或食用未除去有毒成分的动植物而引起的。有些是有条件的有毒动植物，如未煮熟的扁豆、发芽的马铃薯、不新鲜的青皮鱼等；有些则是有毒动植物，如毒蕈、河豚等。这种中毒季节性、地区性比较明显，偶然性较大，发病率较高，潜伏期较短，死亡率视有毒动植物的种类和食用量而异。

三、常见食物中毒的预防

防止食物中毒的重点是针对各种可能发生食物中毒的环节，采取严格有效的措施积极预防。

1. 细菌性食物中毒的预防

细菌性食物中毒直接可行的预防方法有以下几种：

（1）严格选择原料，并在低温下运输、储存。

（2）在烹调中高温杀灭细菌。

（3）创造卫生环境，防止病菌污染食品。

2. 化学性食物中毒的预防

（1）从可靠的供货商处采购原料。

（2）化学物品要远离食品及原料存放，并由专人保管。

（3）不使用含有化学有毒物质的加工生产器具、盛器包装材料，如铜、锌、镉、锡等器具。酸性液体食品或腐蚀性食品如果选用金属盛器盛装，盛器的金属成分易溶入食品中，产生安全隐患。塑料包装材料应选用聚乙烯、聚丙烯材料的制品。

（4）厨房要谨慎使用化学杀虫剂，并由专人负责。

（5）厨房清洁工作中使用化学清洁剂时，必须远离食品。

（6）各种水果、蔬菜要洗涤干净，进一步消除杀虫剂残留。

（7）使用食品添加剂时，应严格执行国家规定的品种、用量及使用范围。

3. 有毒食物中毒的预防

（1）很多菌类含有毒素，所以厨房只可使用已证明无毒的菌类，有毒菌类不得使用。

（2）食用银杏果时要加热成熟且少食，切不可生食。

（3）马铃薯发芽和发青部位有龙葵素，加工时应去除干净，并用清水浸泡。

（4）苦杏仁、黑斑甘薯、鲜黄花菜、未腌透的腌菜不能食用。

（5）烹调秋扁豆、四季豆时不可贪生求脆，要彻底加热，未熟不宜生食。

（6）死甲鱼、死黄鳝、死贝类不能食用。

（7）河豚有剧毒，未经有关部门批准，不能加工食用。

（8）含氢氰酸量高的鱼类不新鲜时不得加工食用。

（9）未经检疫的肉类不得加工食用。

四、食物中毒事件的处理

如有顾客身体不适，怀疑是因食用餐饮产品而引起，餐饮企业管理人员和员工应沉着冷静，忙而不乱，尽快搞清楚是否是食物中毒，并及时加以处理。其基本处理步骤如下。

1. 记下顾客的姓名和联系方式。

2. 询问具体的征兆和症状。

3. 弄清楚吃过的食物和就餐方式、食用时间、发病时间、症状持续时间、用过的药物、过敏史、病前的医疗情况或免疫接种情况等，并留下食物样品。

4. 病情严重者立刻送医院救治，并记下医院的联系方式。

5. 立即通知由餐饮部门管理人员、厨师长等人员组成事故处理小组，对整个生产过程进行检查。

6. 如果医务人员诊断是食物中毒，要立即报告卫生主管部门。

7. 查明同样的食物供应了多少份，收集样品，送交化验室化验分析。

8. 查明这些可疑的餐食菜点是由哪些员工制作的。对所有与制作过程有关的人员进行体检，查找有无急性患病或近期生病以及疾病带菌者。

9. 分析并记录整个菜点制作过程的情况，明确食物可能受到污染的时间和地点。

10. 从厨房设备上取一些标本送化验室化验。

11. 分析并记录餐饮生产和销售最近一段时间的卫生检查结果。

思考与练习

1. 简述厨房卫生的重要性。
2. 简述原料采购、加工阶段的卫生管理要领。
3. 简述菜点生产阶段的卫生管理要领。
4. 简述菜点销售服务的卫生管理要领。
5. 简述生产设备的卫生管理要领。
6. 什么叫食物中毒？
7. 食物中毒的种类与预防措施有哪些？
8. 简述（疑似）食物中毒事件的处理步骤。

第十章
厨房安全管理

学习目标

1. 了解厨房安全的意义。
2. 掌握厨房安全管理规范。
3. 掌握厨房常见事故的预防及紧急处理方法。

安全是保证厨房生产正常进行的前提。安全管理不仅是餐饮企业正常经营的必要保证，同时也是维持厨房正常工作秩序和节省额外费用的重要措施。因此，厨房管理人员和各岗位生产员工都必须意识到安全的重要性，并在工作中时刻注意和排除安全隐患。

第一节　厨房安全管理规范

厨房安全管理规范是为了保证厨房连续不断、计划有序地开展生产工作，餐饮企业在预防为主的前提下制定的系统全面、切实可行的管理制度、操作规范和各项安全生产要求。

一、厨房安全的意义

厨房安全是指厨房生产所使用的原料及生产成品、加工生产方法、人员设备及其制作过程的安全。

1. 安全是有序生产的前提

厨房生产需要安全的工作环境和条件。厨房里有多种加热源和锋利的器具，构成众多的不安全因素和隐患，要使员工放手、放心工作，在设计厨房时就要充分考虑安全因素，如地面的选材、烟罩的防火、蒸汽的控制和抽排。同样，平时的厨房管理、员工劳动保护都应以安全为基本前提。否则，厨房事故多发、设备时好时坏、员工担惊受怕，厨房正常的工作秩序、良好的出品质量都将成为空话。

2. 安全是实现餐饮企业效益的保证

餐饮企业效益是建立在厨房良好、有序的生产基础之上的。倘若厨房安全管理不力，事故频频发生，媒体反面宣传不断，顾客不敢光顾，餐饮企业生意自然清淡。除此之外，餐饮企业内部屡屡发生刀伤、跌伤、烫伤等事故，员工的医疗费用增加，病假、缺工现象频繁，厨房的生产效率和工作质量更没有保障，企业效益必然受损。一旦有火灾事故发生，企业社会名誉和经济损失更是不可估量。相反，厨房安全条件优越，安全管理有效，员工工作热情高涨，事故发生率极低，不仅可以有效节省企业运营费用，而且也为提高劳动效率和出品质量创造了条件。

3. 安全是员工利益的根本

员工是餐饮企业最基本的生产力，厨师是厨房最有活力、最有开发价值的生产要素。因此，关心厨房员工、发现并认可厨房员工的劳动、改善厨房员工工作环境和条件是所有餐饮企业应做好的工作。厨房安全是这几个方面的基础。

安全没有着落，会使厨房员工觉得安全没有保障，生产必定受到影响。反之，厨房安全系数高，员工工作心情舒畅，利益得到切实保护，向心力无疑会随之增强，工作积极性自然会随之高涨。

二、厨房安全操作规程

1. 厨房员工安全操作规程

（1）厨房员工上岗应按要求穿着制服、戴帽子、穿平底鞋、系围裙，衣袖要扎好，胸前口袋中不得放火柴、打火机、香烟等物。

（2）厨房员工当班时应保证精力集中，不应在厨房内跑动、打闹。

（3）厨房设备应由主管人员定期检查，以防发生意外事故。

（4）厨师使用厨房设备必须严格遵守正常的操作规程，主管人员必须对新员工进行设备使用方面的培训。

（5）在进行油炸锅使用培训时，应保证人员不离岗。

（6）地面上的油、水、食物要立即清除。

（7）碗、盘、玻璃器皿打碎时，不得用手捡拾，要用扫帚清理。

（8）擦拭锅、炉灶应确定已不烫手后再操作。

（9）不得在火炉上烘烤衣物、桌布等易燃物。

（10）搬运较重食物特别是热汤汁时不要一人操作，以免扭伤或烫伤。

（11）刀具和锋利的器具掉落时，不要用手接拿。

（12）厨房管理人员不得随意处理突发的断电事故。

（13）工作时应注意保持地面清洁，以免滑倒受伤。

（14）工程人员断电挂牌操作时，绝对不能合闸。

（15）每天打烊后，值班人员应最后离开，离开前要切实检查炉灶是否还有余火，燃气开关是否在关闭位置。逐一检查电气用具插头是否拔下，最后关门离去。

（16）值班人员在逐项检查完成后，必须填写安全检查表并签名，交给相关人员。

2. 煤气炉具安全操作规程

（1）煤气炉具应在通风良好的厨房中使用，远离易燃物品，布局在不易燃烧的物体（如水泥板、石板、铁板）上。

（2）使用煤气前，应检查所有煤气开关是否处于关闭状态。点火时，要做到火等气，先开煤气总闸，再开灶具开关点燃灶具。

（3）调节风门阀对火焰进行调节，使火焰呈蓝色。如果火焰发红冒烟，则说明风量小，应调大风门；如果发生回火，则应关闭灶具开关，调小风门再点火，点火后再调节风门，使火焰燃烧正常；如果发现火离焰，则说明进风量大，应调小风门。

（4）经常保持灶具的清洁，尤其要保持火眼通畅。灶具点燃后由专人看管，防止火焰被溢出的汤水浇熄或被风吹灭，使燃气大量泄漏并造成事故。

3. 液化气（管道煤气）安全使用规程

（1）液化气罐必须直立放置，且应放置在不易被撞到的地方。

（2）液化气罐必须远离火源，避免日光直射，置于通风良好的位置，环境温度保持在 35 ℃以下。

（3）液化气罐若放在木箱内，箱底必须有一定空间，以维持通风，液化气罐腰部要有锁链固定，防止振动或意外碰撞。

（4）液化气罐周围不能放置易燃品，如汽油、酒精、抹布、纸张等。

（5）装卸液化气罐时，必须确定附近无火源、引火物及易燃物品。

（6）在室内使用时，液化气燃具周围必须有一定的空间，燃具周围 30 厘米、上方 1 米必须留出空间，以防引发火灾。

（7）液化气输气管必须为金属管，不能使用塑料软管代替，装置在室内时，应距电源线 30 厘米以上。

（8）输气管衔接处的螺纹至少有 5 圈，并应结合紧密，不漏气。

（9）使用液化气前的注意事项。

1）注意闻是否有液化气臭味，确定是否有液化气泄漏。

2）确保火炉附近无可燃物质。

3）打开或关闭液化气开关时需缓慢旋转。

4）在打开液化气开关总闸之前，先查看出气开关（或炉灶开关）是否已关闭，出气闸门应紧闭。

（10）点火后的注意事项

1）燃烧中的火焰要调整到完全燃烧的状态，即呈蓝色火焰，液化气没有完全燃烧时火焰为红色。

2）液化气点燃后，应调整至完全燃烧的状态，如果没有完全燃烧，一氧化碳等

有毒气体的扩散会造成严重后果。

3）注意不要让火焰被风吹熄。

（11）使用后的注意事项

1）要先关闭总阀或液化气罐开关，再关闭炉灶的开关。

2）若液化气停用时间较长，其总开关的把手要上锁，液化气罐开关要拧紧。

3）液化气用完后，液化气罐开关也要拧紧。

（12）液化气漏气的处理

1）拧紧液化气罐开关。

2）熄灭附近一切火焰，切断电源。

3）将门窗打开，确保室内空气流通良好。

4）迅速将液化气罐移至室外空旷的地方。

三、仓库安全管理规定

1. 器皿安全管理规定

（1）穿平底胶鞋，不得佩戴松弛的饰物。

（2）工作时戴手套保护双手。

（3）搬运盘碟时一定要用推车。

（4）清理盘碟时应留意有无损坏，随时将破损的盘碟挑出来放在一边，不得再用。

（5）搬运过重的物品或过大的垃圾桶时，要找人帮忙，不要勉强用力。

（6）如果怀疑器皿失窃，必须立即报告上级并保护现场。

2. 单人搬运安全管理规定

（1）过重的物品不要单独搬运，建议最大的安全搬运重量为男性 20 千克，女性 10 千克，若超过此重量，则应两人搬运，以免伤害身体。

（2）推举重物应弯膝，运用腿部力量，不要运用腹部力量或背部力量，否则容易引起腰背部拉伤。

（3）推举重物应先吸一口气，一直维持到重物放下才呼出。深吸气可以拉紧肌肉，避免拉伤。

（4）切忌扭转腰背，反方向拿重物或搬运物品，以免拉伤。

（5）搬运物品时应注意四周，背后是最容易发生事故的方向，不可一边搬运物品一边向后退。

（6）搬运长条物品时应保持前面高、后面低，尤其在转角处或前面有障碍物时，应特别注意。

（7）推滚圆形物品时应站在物品后面，并注意前面是否有人，双手不要放在圆形物品的边缘，否则碰撞时容易伤手。

（8）超过人体高度的物品，即使不重，也不要一个人搬动，防止受伤。

3. 手推车安全管理规定

（1）尽量把重的物品放在手推车的下面，重心越低越稳。

（2）推二轮车时尽可能把物品放在车的前端，重力由车轴负担，推车人员保持车子平衡并推动车子前进。

（3）手推车前进经过转角处时，不要站在后方推，应改为在旁边拉，这样可以看到另一方向的来人或是来车，以免相撞。

（4）推车进出电梯时，若负载物太重，应找人帮忙。

（5）堆放在手推车上的物品高度以不妨碍视线为准，要把物品安放妥当，以免脱落。

（6）不要拉着手推车后退。

（7）注意随时控制手推车的速度，不要推着车跑。

（8）特种用途的手推车除指定用途外不作别的用途。

（9）如果手推车滑轮有损坏，或者有台面倾斜、把手脱落等任何问题，应立即停止使用并报修。

4. 工作梯使用安全管理规定

（1）梯子不能架设在不坚实的地面上，应有平坦、稳固的立足点。

（2）架设梯子应稳固，上下要有 4 个支点，力求稳妥。上端宜固定，如果不能固定，下端的两脚要扎牢。如果不能扎牢，就得有人在一旁协助，或装置防止滑动的皮垫。

（3）切忌手中持物上下梯子。

（4）任何有缺陷的梯子都不可使用。

（5）架设梯子时，自上支点垂直地面至梯脚的水平距离应为梯长的 1/4 以内。如果梯长 4 米，则斜靠的地面水平距离应在 1 米以内。

（6）绝不容许两人同在一架梯子上。

（7）梯子绝对不许架设在门口，以防门口有人出入推翻梯子。

（8）梯子不使用时要立即收妥，无人看管时不得竖立，以免倒下伤人。

四、防火管理规范

1. 厨房防火管理规范

（1）厨房各种电气设备的安装、使用必须符合防火安全要求，严禁超负荷使用，

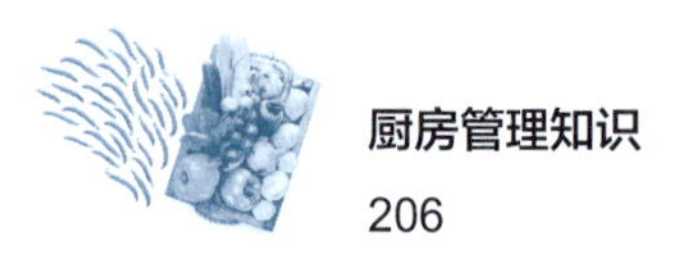

绝缘要良好，接点要牢固，并有合格的保险设备。

（2）必须制定厨房各种机电设备的安全操作规程，并严格遵照执行。

（3）厨房在进行炼、炸、烘、烤操作时，必须设专人负责看管，油锅、烤箱温度不得过高，油锅不得过满，严防油溢出着火引起火灾。

（4）使用厨房的各种煤气炉灶、烤箱时必须按操作规程操作，不得违反，不得用纸张等易燃品点火。

（5）不得堵塞炉灶的火眼，以防发生事故。

（6）不得擅自动用各种灭火器材、消防设施。

（7）会使用各种灭火器材、火灾报警器，能熟练地掌握其性能、作用和使用方法。

（8）熟悉所在部门灭火器材和火灾报警器的位置，了解最近的消防疏散通道的位置。

（9）一旦发生火情，迅速打电话通知总机或消防部门。

2. 厨房液化气防火管理规范

（1）液化气灶操作人员必须经过专门学习，掌握安全操作液化气灶的基本知识。

（2）员工进入厨房应首先检查灶具是否有漏气情况，如果发现漏气，不准开启电气开关（包括电灯）。

（3）员工进入厨房前应打开防爆排风扇，清除沉积于室内的液化气。

（4）操作前应检查灶具的完好情况。

（5）各种液化气灶具开关必须用手开闭，不准用其他器皿敲击开闭。

（6）灶具每次使用完毕，要立即将供气开关关闭。每餐结束后，值班人员要认真检查每个供气开关是否关闭好。每天晚餐结束后要先关闭厨房总供气阀门，再关闭各灶具阀门，然后通知供气室关闭气源总阀门。

（7）发现问题应立即关闭总阀门，并及时撤离，报告领导和安全部门。

（8）经常做好灶具的清洁保养工作，确保液化气灶具安全使用。

（9）无关人员不得动用液化气灶具。

（10）坚守工作岗位，起油锅时绝对不准离人，要正确掌握油温，思想集中，防止油溢出或过热引起火灾。

（11）一旦发生火灾事故，应立即关闭液化气总阀，关闭电源，一边报警，一边使用灭火器材扑救。

第二节　厨房常见事故的预防

厨房事故是厨房安全管理中应尽力杜绝和防范的。厨房事故是指厨房加工、生产、运输，以及日常运转过程中出现的烫伤、扭伤、跌伤、割伤、火灾等妨碍厨房生产和餐饮经营正常、有序进行的情况。由于种种原因，厨房从生产到销售，其间不安全因素时常存在。因此，管理人员要正视厨房工作的特点，采取行之有效的方法强化制度管理，加强员工培训，提高安全防范意识，预防事故发生，减少事故损失。

一、烫伤的预防

烫伤事故在厨房事故中占很大比例。一旦烫伤，轻则影响操作，重则需要送医院治疗，伤者更是疼痛难忍。预防烫伤的措施包括以下几点。

1. 遵守操作程序

使用任何烹调设备或点燃煤气设施时必须按照规程进行操作。

2. 通道上不得存放炊具

凡有把手的桶、壶及其他炊具，不得放置在繁忙拥挤的走廊通道上。

3. 容器注料要适量

不要将罐、锅、水壶装得太满。避免食物煮沸过头，溢出锅外。

4. 搅拌食物要小心

搅拌食物通常使用长柄勺，便于保持与食物的距离。

5. 预先准备

从炉灶或烘箱上取下热锅前，必须事先布置好放置的位置。如果事先有了准备，提锅的时间就能缩短。提既烫又重的容器时，应由同事帮助操作。

6. 使用合格、牢靠的锅具

不要使用把手松动、容易折断的锅，以免锅身倾斜、原料滑出锅或把手断裂。

7. 冷却厨房设备

在准备清洗厨房设备时要先进行冷却。

8. 懂得如何灭火

如果食物着火了，要先将盐或小苏打撒在火上，不得用水浇灭。厨房人员必须学会使用灭火器和其他安全装置。

9. 安全使用大油锅

准备过滤或更换大油锅里的热油时，必须注意安全，一定要随手带抹布。

10. 禁止嬉闹

不允许在操作间奔跑，更不得拿着热的炊具嬉笑打闹。

11. 张贴“警示”标志

在湿滑或容易发生烫伤事故的地方，应张贴“警示”标志，提醒员工注意。

12. 定期清洗厨房设备

防止炉灶表面和通风管盖处积藏油污。

二、扭伤、跌伤的预防

厨房人员在搬运重大物品时，或登高取物、清除卫生死角、走动遇路滑时，容易造成扭伤或跌伤。

（1）扭伤的预防

扭伤的预防要注意以下几点：

1）搬运重物前，先要抓紧。

2）搬运重物时，背部要挺直，只能弯曲膝盖。

3）搬运重物时要腿用力，而不能背用力。

4）搬运重物时要缓缓举起，使物品紧靠身体，不要骤然猛举。

5）搬运重物时，如有必要，可以挪动脚步，但不要扭转身体。

6）必要时请人帮忙或借助搬运工具，绝不要勉强或逞能。

（2）跌伤的预防

大多数跌伤是由于在地面滑倒或绊倒造成的，极少数是由于从高处摔下导致的。

为了预防摔倒、跌倒事故，下述几方面必须引起特别注意：

1）清洁地面，始终保持地面的清洁和干燥。有溢出物必须立即擦掉。

2）清除地面上的障碍物，随时清除丢在地面上的盘子、抹布、拖把等杂物，一旦发现地砖松动或翘起，立即修补更换。

（3）从高处搬取物品时需使用结实的梯子，并请同事扶牢。

（4）开门关门要小心，进出门不得跑步，经过旋转门更要留心。

（5）厨房员工应穿低跟鞋，并注意防滑，最好是穿鞋底不滑的合脚鞋，不穿薄底、已磨损、高跟的鞋以及拖鞋或凉鞋，要穿脚跟和脚趾不外露的鞋，鞋带要系紧。

（6）入口处和走道不得留存积雪和冰，应及时清扫。

（7）为避免滑倒，应使用防滑地板蜡。

（8）必要时张贴“小心”或“地面湿滑”等警示语。

（9）楼梯的踏板如果破裂或磨损，应及时更换。

（10）保证楼梯井或其他不经常使用区域有充足的照明。

三、割伤的预防

割伤是厨房加工、切配及冷菜间员工经常遇到的伤害。预防割伤的措施有下列几点。

1. 锋利的工具应妥善保存

当刀具、锯子或其他锋利器具不使用时，应随手放在餐具架上或专用的抽屉内。

2. 按安全操作规程使用和维护刀具

（1）将需切割的物品放在桌上或切割板上，刀在往下切时手必须抓紧所切物品，注意在切薄片时小心手指。用刀切食物时必须将手指弯曲抓住原料，使刀刃落在原料上。刀具大小要合适，并清楚刀刃的锋利度。此外，手柄已松动的刀具必须修理或报废。

（2）应保持刀刃的锋利。钝的刀刃比锋利的刀刃更易引发事故。刀刃越钝，员工使用时越吃力，原料一旦滑动就可能发生事故。

（3）不同形状的锋利刀具集中摆放在专用的盆中并分别洗涤，切勿将刀具或其他锋利工具浸在放满水的洗池内。

（4）刀具应放在台子中间，以免掉到地上或砸到脚上。

（5）擦刀具时将抹布折叠到一定厚度，从刀口中间部分向外侧擦，动作要慢，要小心。

（6）不得用刀代替其他用具旋凿或开罐头，也不得用刀撬纸板盒或纸板箱，必须

使用合适的工具开启各种容器。

3. 禁止用刀嬉闹

不得拿刀或其他锋利工具打闹，一旦发现刀具从高处掉下，不要用手去接。

4. 厨房内尽量少用玻璃餐具

厨房内应尽量少使用玻璃餐具，因为破碎后清理非常麻烦。如果玻璃餐具破碎，要尽快处理碎玻璃，可用扫帚和簸箕清扫干净，不要用手捡。如果玻璃碎在洗涤池内，可先将池水放掉，然后用湿布将碎玻璃捡起，再将碎玻璃倒入单独的废物箱内。

5. 安装安全装置

厨房设备都需安装各种必备的防护装置或其他安全设施。

6. 谨慎使用绞肉机

使用绞肉机时必须使用专门的填料器。

7. 清洗设备时切断电源

清洗设备前须将电源切断（拔去插头）。

四、受伤后的紧急处理

厨房人员一旦受伤，要视伤口大小、伤势轻重及时采取措施，有些只要进行简单处理即可。因此，注意以下几点，对伤口的及时、有效处理是十分必要的。

1. 割伤和擦伤后必须马上用肥皂和温水清洁伤口处皮肤，用无菌棉垫或干净的纱布覆盖伤口进行止血，轻轻更换无菌棉垫、干净纱布和绷带。如果伤口在手部，必须将手抬高过胸口。

2. 不得用嘴接触伤口，不得在伤口处吹气，不得用手指、手帕或其他污物接触伤口，不得在伤口上涂防腐剂。

3. 出现下列情况要立即送医务室或医院处理：

（1）大出血（属于紧急情况）。

（2）出血持续 4~10 分钟或更久。

（3）伤口有杂物又不易清除，或伤口部位不能彻底清洗。

（4）伤口很深，需要缝合。

（5）筋或腱被切断（特别是手伤）。

（6）伤口在头面部或其他危险部位。

（7）伤口接触的是不干净的物质。

4. 撞伤部位用冰袋或冷敷布在受伤处压 25 分钟，如果皮肤上有破损，创口需进一步按割伤处理。

5. 水疱可用肥皂和水清洗，保持干净，防止发炎。如果水疱已破，应按开放性伤口处理，或就医。

五、电气设备事故的预防

电气设备造成的事故也是厨房生产中常见的事故，预防电气设备事故是十分重要的。

1. 员工必须熟悉设备，学会正确拆卸、组装和使用各种电气设备。
2. 采取预防性保养，定期由专职电工检测各种电气设备的线路和开关。
3. 所有电气设备都必须有安全的接地线。
4. 操作电气设备时，必须严格按照厂家的规定，遵守操作规程。
5. 不得用湿手接触金属插座和电气设备。
6. 已磨损露出电线的电线包线切勿继续使用，要使用防油防水的包线。
7. 清洁任何电气设备前都必须拔去电源插头。
8. 未经许可，不得任意加粗熔丝，电路不得超负荷。

六、火灾的预防与灭火

厨房还有一类常见的事故就是火灾，可采取以下几种防火措施。

1. 配备足够的灭火设备

厨房应配备足够数量的灭火设备，每位员工都必须知道灭火设备的安放位置和使用方法。

2. 安装失火检测装置

使用经许可和可经常测试的失火检测装置，这些设备用于防烟、防火焰和防发热。

3. 考虑使用自动喷水灭火系统

该系统是自动控制火灾的极为有效的设施。安装在通风过滤器下的特效灭火装置也是很有效的。餐饮企业安保部门应统筹安排、设计、安装灭火系统，并进行保养和管理。

厨房发生的火灾通常有三种类型：

（1）由普通的易燃材料（木材、纸张、塑料等）引起的火灾。

（2）由危险易燃物质（汽油、油脂等）引起的火灾。

（3）由电气设备引起的火灾。

小型火灾通常可用手提式灭火器扑灭。灭火器必须安放在接近火源的地方，并经常进行检查和保养。此外，对员工进行消防训练也是极为重要的，应使其学会如何正

确使用灭火设备。灭火设备有多种，通常使用的是多用干式化学药品灭火器，此设备可用于上述三种火灾。通常，使用灭火器前必须将一只安全销拔去。使用多用干式化学药品灭火器必须将化学灭火材料覆盖住所有燃烧区域，以防死灰复燃。

思考与练习

1. 什么是厨房安全?
2. 厨房安全的意义是什么?
3. 简述厨房安全操作规程的内容。
4. 简述厨房安全管理规定的内容。
5. 简述厨房防火制度的内容。
6. 简述厨房人员工作过程中受伤后紧急处理的内容。
7. 试分析一起厨房事故的原因，并提出预防措施。